수학으로
과학보기

수학으로 과학 보기
과학으로 수학 보기

1판 1쇄 펴냄 2005년 3월 21일
1판 20쇄 펴냄 2023년 6월 5일

지은이 김홍종 · 김희준

주간 김현숙
편집 김주희, 이나연
디자인 이현정, 전미혜
영업·제작 백국현
관리 오유나

펴낸곳 궁리출판
펴낸이 이갑수

등록 1999년 3월 29일 제300-2004-162호
주소 10881 경기도 파주시 회동길 325-12
전화 031-955-9818 | **팩스** 031-955-9848
홈페이지 www.kungree.com | **전자우편** kungree@kungree.com
페이스북 /kungreepress | **트위터** @kungreepress

ISBN 978-89-5820-027-7 03400

수학으로
과학보기

김홍종 지음

궁리
KungRee

저자의 말

올림픽 경기가 한창인 아테네에서 한국의 양궁 선수가 쏜 화살이 포물선 비슷한 곡선을 그리며 과녁의 한가운데에 꽂히는 멋있는 장면이 전파를 통해 안방에 배달되던 어느 무더운 여름날, 유명한 화학자 한 분이 시내에서 시원한 차 한 잔 하자고 하셨다. 우리, 길거리 사람들을 위하여 수학과 과학 이야기 한 번 같이 써보면 어때요? 좋습니다. 다음 주, 몇 가지 주제를 이메일로 받았고, 거기서 싹튼 것이 바로 이 책이다.

궁리의 김현숙 선생은 주제와 같은 이름의 제목들이 너무 딱딱하다고 여러 번 지적하였다. 그래서 '소수(素數)' 는 '쪼갤 수 없는 것' 으로, '정수(整數)' 는 사르트르의 책 제목을 따서 '존재와 무' 라 하였고, '분수와 비율' 은 그리스어를 따서 '로고스' 라 하였다. 우리의 생각을 글로 표현하는 방법을 다룬 단원의 제목인 '진법' 은 '불립문자(不立文字)' 로 고쳤고, '원주율' 은 '돌고 도는 세상' 으로 하였으며, '넓이' 와 '부피' 는 각각 '땅은 넓고' 와 '하늘은 높고' 가 되었다. '미분과 적분' 은 오늘날 인공위성을 쏘아 올리고, 차량의 위치를 추적하고, 일기예보를 하며, 오래된 화석의 연대를 측정하는 데에도 스며 있는 산법인데, '(현재를) 알면 (미래가) 보인다' 는 것을 연상하여 '인과응보' 라는 제목이 되었다. '평균' 은 '중용' 이 되어 한평생 중심 잡고 사는 것을 연상하였고, '확률' 이라는 제목은 아인슈타인의 '신은 주사위놀이를 하지 않는다' 는 유명한 말과 대비하여 '주님의 뜻' 으로 바꾸었고, 필자가 의도적으로 추가한 단원인 '기계' 는 '깸' 으로 제목을 바꾸었으니, 마침내 김 선생이 원하는 바가 이루어졌기를 바란다. 필자가 정성 들여 그린 그림이나 아름다운 식, 특유의 문체 등이 책을 만드는 과정에서 조금 변한 것도 있지만, 처음 던져진 주제를 마다하지 않았듯이 크게 신경 쓰지는 않는다.

여러 가지 대상들 사이의 관계 중에서 가장 으뜸인 관계는 '같음' 이라는 것이다. 인류의 위대한 발견들은 대부분 이 관계를 아는 것이다. 전기와 자기가 둘이 아니고, 인간과 동물이 둘이 아니며, 시간과 공간이 다르지 않고, 물질과 에너지, 사랑과 증오, 너와 나, 부분과 전체 등 이루 말할 수 없이 많은 발견들이 있다. 선각자들은 철학, 수학, 과학, 기술, 예술, 사회, 자연 등을 가리지 않았는데, 아직도 이들을 가리는 사람이 많이 있다.

불량식품을 좋아하는 사람은 없을 것이다. 몸을 위한 음식뿐 아니라, 마음을 위한 글들도 불량품은 사라져야 한다. 많은 사람들이

싸구려 수학만 접하고 참 수학을 외면하고 있는 것이 안타까워 '좋습니다' 라고 말하긴 하였는데, 독자들에게 조금이라도 향기를 느끼게 하였다면 필자는 만족이다. 배울 '학(學)' 앞의 '수(數)' 는 사물의 이치를 뜻한다.

초고의 애매한 표현들을 바로 잡아준 쌍둥이 가족에게 감사드리며

2005년 3월

ㄱ ㅎ ㅈ

contents

science mathematics

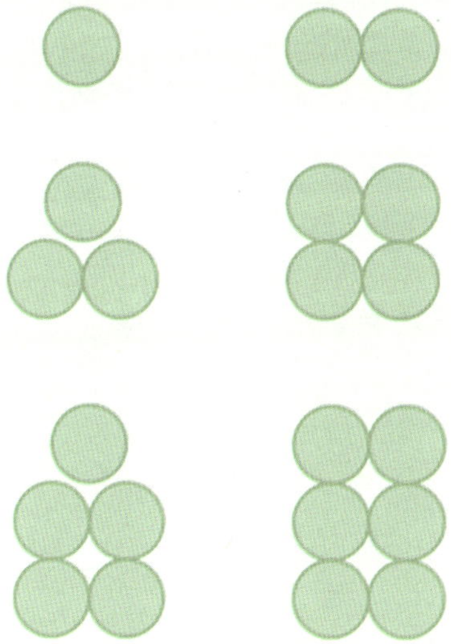

홀과 짝

사물의 개수를 셀 때에는 '하나, 둘, 셋, 넷, 다섯, 여섯, ……' 등으로 세는데, 이때 사용하는 수들을 자연수라 부른다. 자연수 중에서 '둘, 넷, 여섯' 처럼 두 줄로 짝을 이룰 수 있는 수를 짝수라 하고, '하나, 셋, 다섯' 처럼 짝을 이루지 못하는 수를 홀수라 한다.

짝수와 홀수

식물 중에는 파리를 잡아 먹는 '파리지옥' 이라 부르는 것이 있는데, 잎의 안쪽에 난 털을 한 번 건드려서는 아무런 반응을 하지 않지만, 20초 이내에 두 번째 건드리면 잎이 오므라든다. '파리지옥' 은 짝수와 홀수를 구별한다는 것을 알 수 있다. 이러한 구별은 바람에 날아온 나뭇잎 등에 미련하게 반응하는 것을 피하기 위한 지혜라 할

파리지옥

수 있다.

여러 가지 무늬나 모양 등은 '자신의 거울상과 같은가? 또는 다른가?' 로 구분할 수 있다. 거울상과 같이 생긴 모양은 짝수형이고, 거울상과 다른 것은 홀수형이다.

젓가락 한 쌍이나 안경테 같은 것은 거울에 비친 모습이 똑같으니 짝수형 모양이다.

오른손과 왼손은 대표적인 홀수형 모양이다. 문이나 냉장고도 손잡이 방향에 따라 다르다. 보통 사용하는 정육면체 모양의 주사위에는 마주 보는 면의 모눈의 합이 7이 되도록 배열한다. 주사위도 오른손 왼손처럼 두 가지가 있다. 두 팔로 팔짱을 끼는 방법에도 두 가지가 있다.

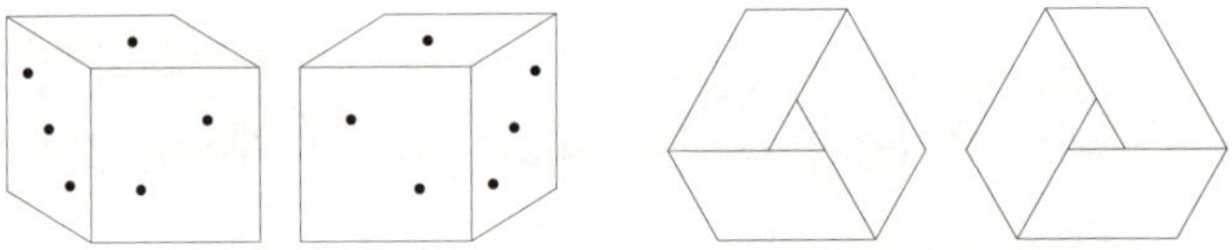
주사위와 뫼비우스 띠

나선형으로 감아 올라가며 자라는 덩굴식물들은 모두 홀수형인데, 이 중 나팔꽃이나 완두콩 등은 오른쪽으로 감고, 등나무나 환삼

덩굴 등은 왼쪽으로 감는다.[1]

세균들에도 이처럼 좌우대칭이 아닌 것들이 많이 있는데, 균들이 자신의 거울상 모양을 한 것과 얼마나 다른 성질을 가지고 있는가를 처음으로 연구한 학자가 저온살균법으로 유명한 프랑스의 파스퇴르(L. Pasteur, 1822–1895)이다.[2]

파스퇴르

사람이나 동물의 DNA가 꼬여 있는 방향과 식물의 DNA가 꼬여 있는 방향은 서로 차이가 있다. 식물을 섭취하는 소에게 동물을 먹이는 것은 삼가야 할 일이다.

실험실에서 설탕과 분자식이 일치하는 화합물을 만들 수 있는데, 이때 설탕이 50%, 설탕의 거울상과 같은 것이 50% 만들어진다. '거울 설탕' 은 여전히 단맛을 가지고 있지만

1 김병소, 『식물은 알고 있다』, 경문사, 2003
2 마틴 가드너 저, 과학세대 옮김, 『마틴 가드너의 양손잡이 자연세계』, 까치, 1993

크바스토프

인체에 흡수되지 않는다. 그러므로 그것은 단 음식을 좋아하지만 비만이 되는 것을 꺼리는 사람이나 당뇨 환자들이 즐길 수 있는 '좋은 설탕' 이다.

하지만 1960년대에 잠 못 이루는 사람들을 위하여 식물에서 추출한 수면제 대신, 실험실에서 만든 탈리도마이드(thalidomide)에는 '거울상' 이 50% 섞여 있었고, 이를 복용한 임신부들이 모두 팔이나 다리가 없는 기형아를 출산하였다. 세계적으로 유명한 독일의 성악가인 토마스 크바스토프(Thomas Quasthoff, 1959－)도 그러한 희생자 중 한 사람이다.

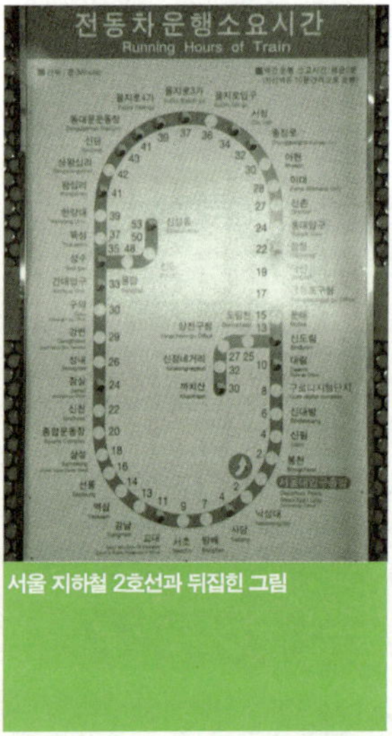

서울 지하철 2호선과 뒤집힌 그림

서울 지하철 2호선 서울대입구역에 가면 좌우가 뒤집힌 2호선 순환 지도가 걸려 있다.

좌우를 구별한다는 것은 자동차 통행이나 사람 통행 등에서도 중요하다. 우리나라는 자동차의 우측 통행을 규칙으로 삼고 있으며, 보행자는 좌측 통행을 규칙으로 삼고 있다. 호텔 등의 회전문은 주로 오른손으로 밀고 들어가는 방향으로 되어 있다. 지하철 역을 오르내리는 통로에는 '좌측 통행' 이라는 푯말이 곳곳에 있지만, 개찰구나 에스컬레이터는 우측 통행으로 되어 있는 곳이 많이 있다. 노약자나 보행이 불편한 사람은 계단을 오르내릴 때 손잡이를 잡는데, 좌측 통행인 경우는 왼손으로 손잡이를 잡아야 한다. 가장 혼란스러운 경우는 건널목의 경우이다. 건널목에서는 차량과 부딛히지 않도록 안전도를 높이기 위해, 보행자에게 '우측 통행' 을 권한다. 이제 지하철 공사에서도 '보행자의 우측 통행' 을 검토하지 않는다면 슬리퍼 소리 요란하게 내는 여성들을 위하여 특수 계단을 만들 때라고 본다.

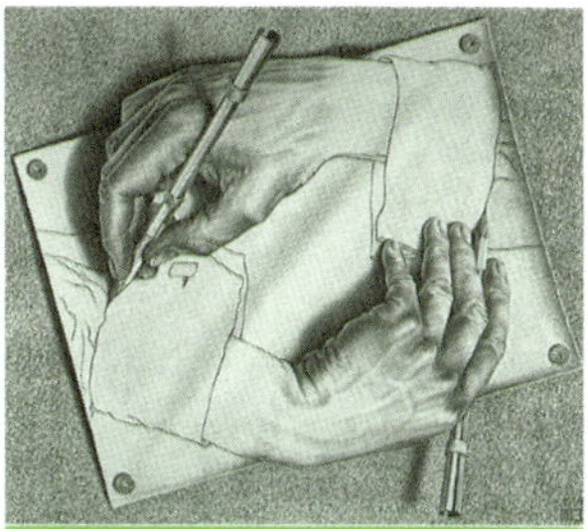

에셔(M. Escher, 1898-1972)의 〈그리는 손〉(1948)

함수

수학에서 가장 중요하게 여기는 것은 '대상' 과 대상들 사이의 '관계' 이다. 관계를 가장 잘 나타내는 대표적인 것이 '같음' 인데 주로 '=' 이라는 기호를 사용하여 나타낸다. 이 '등호' 는 그것의 좌우에 있는 것이 다르게 보일지 모르지만 실제로는 다르지 않다는 것을 말하고 있다. 높은 산에 오르면 많은 것이 보인다. 사람들이 다투는 많은 이유 중에는 서로 같은 것을 다르다고 생각하거나 서로 다른 것을 같다고 생각하는 데에서 오는 것이 허다하다. 인류 발전의 가장 중요한 역할을 한 것은 '다르지 않음' 을 알게 된 것이라고 말할 수 있다. 대표적인 것이 전자기학에서 말하는 '전기' 와 '자기' 이다. 상대성 이론에서는 '중력' 과 '가속도' 와 '곡률' 이 같다고 말한다.

같음을 나타내는 관계 이외에도 순서를 비교하는 관계가 있다. 이것은 주로 부등호 '<' 로 나타낸다.

'함수' (function)도 관계의 일종인데, 이는 두 집합 사이의 관계를 나타내는 것이다. 함수 중 대표적인 것이 실수 전체집합에서 자기 자신으로 가는 함수인데, 이를 '실함수' 라 부르기로 하자. 실함수 중 대표적인 것으로 사인(sine) 함수와 코사인(cosine) 함수를 들 수 있다. 사인 함수는 원운동을 하는 점의 높낮이를 표시한 것이고, 코사인 함수는 원운동에서 좌우 진동을 표시한 것이다.

사인 함수와 코사인 함수는 그 모양이 모두 물결 모양으로 위상(즉, 출발점)만 다를 뿐 같은 모양을 하고 있다.

코사인 함수처럼 그 그래프가 좌우 대칭인 것을 짝함수라 부른다. 짝함수는 시간을 거꾸로 돌려도 변화하지 않는 함수이다. 사인 함수처럼 시간을 거꾸로 하면 그 값의 부호가 바뀌는 함수, 즉 그래

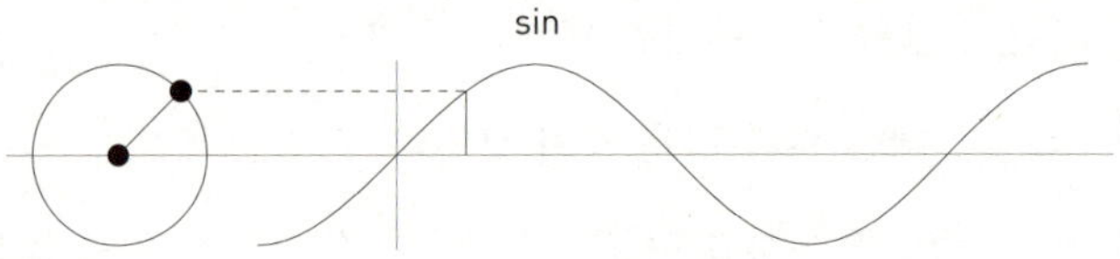

사인 함수의 그래프

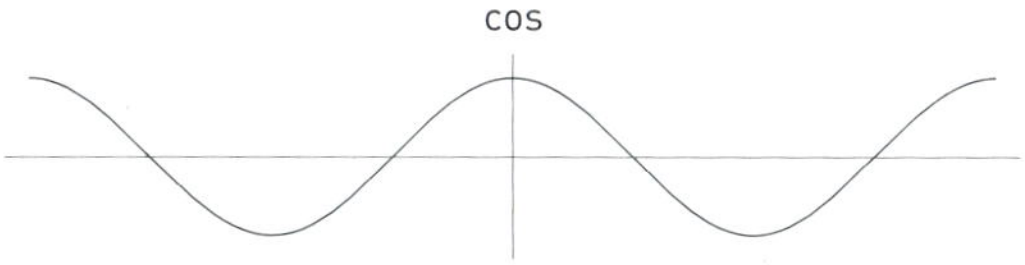

코사인 함수의 그래프

프가 원점을 중심으로 대칭인 함수를 홀함수라 부른다. 모든 실함수는 짝함수와 홀함수의 합으로 나타난다.

15-퍼즐

직사각형 모양의 틀에 1부터 15까지 쓰여 있는 칸과 빈칸 하나로 이루어진 퍼즐이 있다. 이 퍼즐은 처음에는 번호가 잘 정렬된 상태로 판매하는데, 칸들을 이리저리 옮겨 숫자의 배열을 바꿀 수 있다. 하지만 이 제품에는 서로 호환성이 없는 두 가지가 있다. 모두 홀과 짝의 다름으로 인하여 생기는 현상이다.

1	2	3	4
5	6	7	8
9	10	11	12
13	14	15	

15	14	13	12
11	10	9	8
7	6	5	4
3	2	1	

호환성 없는 두 가지 퍼즐

퀴즈

한글 중에는 거울에 비추어도 그 모양이 변하지 않는 것들이 제법 있다. 포도맛이 나는 우유인 (포/도/우/유)를 거울에 비추면 뒤집혀 보이는 글자는 어느 것인가?(해답은 209쪽)

쪼갤 수 없는 것_
소수

자연수 중에서 그보다 작은 자연수들의 곱으로 이루어진 수를 합성수라 부른다. 예를 들면

$$4 = 2 \times 2$$

$$6 = 2 \times 3$$

$$8 = 2 \times 4$$

$$9 = 3 \times 3$$

처럼 여러 줄로 짝을 이룰 수 있는 수들이 합성수이다.

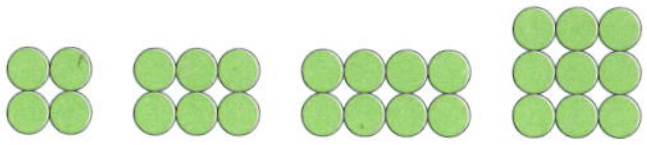

합성수

모든 자연수는 1과 자기 자신을 약수로 가지는데, 이 두 가지 약수를 자명한 약수라고 부른다. 1보다 큰 자연수 중에서 약수가 자명한 것

뿐인 자연수를 소수(素數)라고 부른다. 즉, 소수란 약수가 두 개인 자연수를 말한다. 1은 소수도 아니고, 합성수도 아니다. 2, 3, 5, …

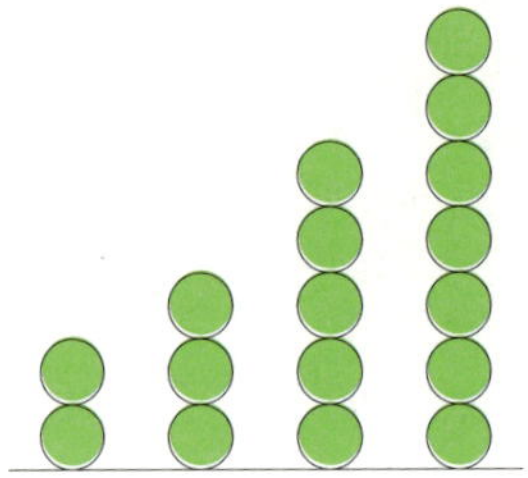

소수

처럼 소수는 여러 줄로 짝을 이루어 세울 수 없는 수이다.

모든 자연수는 더 이상 나누어지지 않는 소수들의 곱으로 표현된다. 산술에서 가장 기본으로 여기는 정리는[3] 자연수를 소수의 곱으로 표현하는 방법이 본질적으로 오직 한 가지뿐이라는 것이다.

• **산술 기본 정리** 모든 자연수는 소수의 곱으로 표현할 수 있고, 곱하는 순서를 무시하면 표현하는 방법은 오직 한 가지뿐이다.

자연수에서 소수가 차지하는 역할은 물질들 중에서 '더 이상 쪼개지지 않는 기본 입자'가 차지하는 역할과 비슷하다고 할 수 있다.

소수를 구하려면 처음에 2에 동그라미 치고, 2보다 큰 2의 배수

3 정리(定理, theorem)란 '증명된 명제'를 뜻한다.

를 모두 제거한다. 그런 다음 남은 것 중에서 제일 작은 수인 3에 동그라미 치고, 그보다 큰 3의 배수를 모두 지운다. 그런 다음 남은 것 중에서 제일 작은 5에 동그라미 하고, 그보다 큰 5의 배수를 모두 지운다. 이와 같이 하면 모든 소수를 다 구할 수 있다.[4]

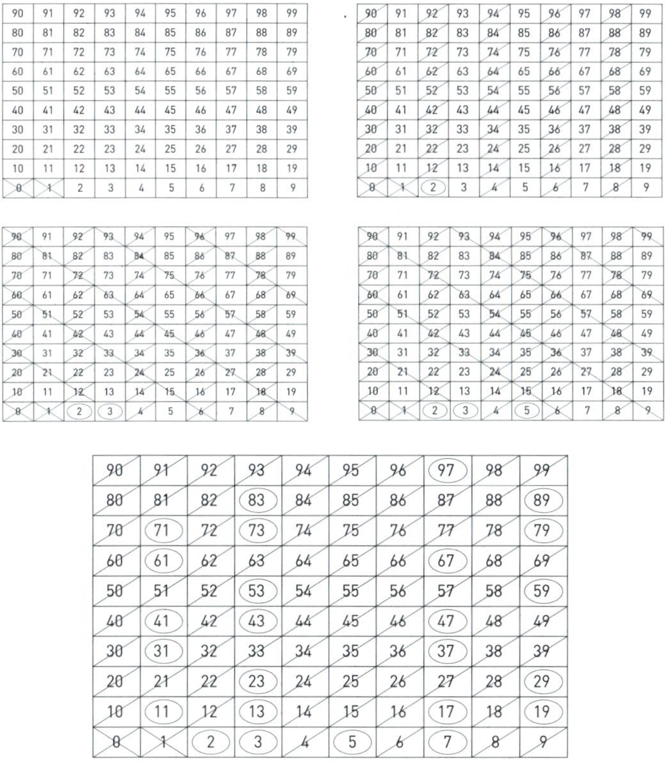

100 이하의 소수

4 이와 같이 소수를 걸러내는 방법을 에라토스테네스의 체라 부른다.

고대 그리스 시대부터 소수는 무한히 많다는 것이 알려져 있다. 하지만 인류가 구체적으로 가지고 있는 소수의 목록은 유한개이다. 2004년 현재 알려진 소수 중 가장 큰 것은 $2^{24036583}-1$이다. 우리가 가지고 있는 소수의 목록은 유한개이지만, 소수가 무한히 많다는 것은 유클리드의 책에 다음과 같이 증명되어 있다.

> 우리가 발견한 소수를 $p_1, p_2, \cdots, p_n$ 이라 하자. 그리고 이들을 모두 곱한 것보다 1이 많은 수 N을 생각한다.
>
> $$N = 1+p_1\times p_2\times\cdots\times p_n$$
>
> 이 수는 p_1의 배수가 아니다.[5] 마찬가지로 N은 p_2의 배수도 아니요, p_n의 배수도 아니다. 그러므로 N을 소인수분해하면 $p_1, p_2, \cdots, p_n$ 과는 모두 다른 새로운 소수들이 나타난다. 이로부터 소수가 무한히 많다는 것을 알 수 있다.

현대적인 암호는 대부분 소수를 이용하여 만들고 있다. 큰 자연수가 있을 때, 아직까지 그것을 재빨리 소인수분해하는 좋은 방법이

5 왜냐하면, N이 p_1의 배수라면 $N-p_1\times p_2\times\cdots\times p_n=1$의 좌변이 p_1의 배수이고 따라서 우변의 1이 p_1의 배수라는 모순이 생긴다.

알려져 있지 않다. 그러므로 현대적인 암호에는 큰 자연수를 키(key, 쇠통)로 사용하고 있다. 이 키를 소인수분해하면 암호를 풀 수 있다. 하지만 256자리 자연수를 평범한 방법으로 소인수분해하려면 최악의 경우 $\sqrt{10^{256}} = 10^{128}$ 번 셈을 해야 한다. 1초에 1조(10^{12}) 개씩 셈을 한다 하더라도 소인수분해 하는 데 걸리는 시간은 3×10^{108}년 이상이다. 소인수분해를 빨리하는 방법을 발견하거나 그러한 방법이 존재하지 않는다는 것을 증명한다면 100만불 현상금을 탈 수 있다.

퀴즈 2

서로 다른 소수들을 두 개의 주머니에 나누어 담은 다음, 처음 주머니에서 몇 개 꺼내 곱하여 만든 수와 두 번째 주머니에서 몇 개 꺼내 곱하여 만든 수가 같을 수 있는가? (해답은 209쪽)

우리 주위에서 소수는 많이 발견할 수 있다. 바나나의 단면은 세 갈래, 사과의 단면은 다섯 갈래, 무궁화 꽃잎, 손가락, 불가사리, 빨주노초파남보 무지개 빛, 도레미파솔라시, ….

인류가 7을 주기로 하여 날을 구별하는 관습은 아주 오래되었다. 하늘을 바라보면 대부분 별들이 북극성 주위를 하루에 한 바퀴씩 도는데, 그렇지 않은 것이 일곱 가지가 있었다. 일, 월, 화, 수, 목, 금, 토.

매미는 번식 주기로 소수를 사용한다고 한다. 미국 매미는 17년마다 나타나는데 다른 천적들과 만나는 것을 가능한 한 피하기 위하여 소수 주기를 택한다는 해석이 있다.

술을 만드는 기업에서는 술병의 들이와 술잔의 들이에 신경을 많이 쓴다. 술은 주로 여럿이 마시는 것이 정상이므로, 술을 몇 잔이나 따를 수 있는가에 신경쓴다. 업자들은 소수를 이용하여 여러 사람에게 고루 돌아가지 않도록 설계하는 것이 보통이다. 그래야만 다시 한 병 더 시키니까.

세포 내에서는 원기둥 모양의 미세소관이 세포의 모양을 형성하기도 하고, 세포를 이동하게 하며, 세포분열을 도와주는 중요한 역할을 한다. 이 미세소관도 열세 가닥으로 꼬여 있다.

유클리드

13이라는 수를 무서워하는 사람들은 '예수와 열두 제자'가 마지막 식사를 하는 장면을 떠올리며 '마지막 날'이라 생각하는데, 다른 이유도 있을 것 같다. 기원전 300년경 알렉산드리아의 유클리드는 『원소(元素, Elements)』라는 열세 권의 책을 썼는데, 이 책은 자명한 몇 가지 원리에서 출발하여 연역적 방법으로 놀라운 정리들을 수없이 담은 책으로 후일에 모든 대작의 모범이 되어왔다. 프톨레마이오스의 『위대한 책』이 그러하고, 뉴턴의 『자연철학의 수학적 원리』가 그러하다. 심지어 스피노자(B. de Spinoza, 1632−1677)의 『윤리학』도 그 형식은 『원소』를 본딴 것이다. 현대적인 언어사전이 나온 것도 그 모범에 유클리드의 『원소』가 있었다. 우리나라 헌법 제3조는 “대한민국의 영토는 한반도와 그 부속도서로 한다”이다. 이와 같이 『원소』는 사용하는 용어의 ‘뜻’을 분명히 하는 것부터 시작하여 여러 가지 결론을 도출하는 과정을 엄밀히 서술하였다.[6]

유클리드의 『원소』는 중국에서는 17세기에 『기하학 원본(原本)』이라 번역되었고, 우리나라에서는 『원론(原論)』이라고 부르기도 한다. 마지막 제13권은 플라톤의 다섯 가지 다면체를 설명하는 것으로 끝난다. 플라톤은 자연에서 가장 바탕이 되는 원소들인 불, 땅, 공기, 우주, 물 등을 정사면체, 정육면체, 정팔면체, 정십이면체, 정이십면체와 연관시켜 설명하였다.

17세기에 케플러(J. Kepler, 1571－1630)는 플라톤의 다면체를 행성의 궤도와 연관시켜 설명하기도 하였다. 유클리드의 『원소』는 20세기 초까지만 해도 서양의 모든 학교에서 학생들에게 가르치는 가장 중요한 교과서였다. 하지만 대부분 학생들은 열세 권의 책이

6 그 당시의 엄밀성은 20세기 초의 관점에서는 크게 떨어진다. 독일의 수학자 힐베르트(D. Hilbert, 1862－1943)는 『기하학의 기초(Grundlagen der geometrie)』를 완성하였다.

무섭기만 하였다.

자연과학의 방법은 크게 두 가지로 나눌 수 있다. 하나는 중요한 실험과 많은 경험을 바탕으로 하는 귀납법이고, 또 하나는 실험과 경험에서 얻은 깨달음에서 출발하여 순수한 논리적 방법을 이용하여 더 발전해 나가는 연역법이다. 주로 사물을 이해하는 과정에서는 귀납법이 중요하고, 미래를 예측하는 데에는 연역법을 사용한다.

20세기 물리학의 가장 중요한 두 발견은 상대성이론과 양자역학이다. 이들을 발견하게 되기까지는 수많은 관찰과 실험과 경험이 있었다. 그러나 일단 '모든 운동이 상대적이지만 빛의 운동은 절대적이다' 라는 공리(公理, axiom)가 세워지게 되면 특수상대성 이론은 연역적인 방법으로 모두 설명된다. 에너지와 질량 등가원리인 $E = mc^2$ 을 비롯한 여러 가지 놀라운 것들이 연역적인 방법의 결과이다.

연역법과 귀납법은 모두 다 중요한 과학적 방법이지만 더욱 중요한 것은 이 둘 사이에 있는 것이다. 그것을 '계시' 라고 부른다. 수학교육의 가장 중요한 부분은 이러한 영감(靈感)을 받는 훈련이라고 해도 과언이 아니다. 학생들이 연습 문제를 풀 때 그 답을 바깥에서 찾으려 하지 말고, 시간이 좀 걸리더라도 자신의 속에서 찾도록 해야 한다고 강조하는 이유가 바로 창의성을 키우기 위함이다. 이러한 훈련이 부족하면, 눈 뜨고도 장님되고, 귀 가지고도 귀머거리가 된다.

유클리드의 『원소』에서 오랫동안 연구 대상이 되었던 명제는 평행선의 유일성에 관한 것이다. 유클리드는 '한 직선과 그 직선 밖의 한 점이 있으면 그 점에서 그 직선에 평행인 직선이 오직 하나 있다'는 명제를 공리로 삼았다.[7] 공리란 '더 이상 설명할 수 없는 명제'를 뜻한다. 평행선 공리의 결과로 삼각형은 그 모양에 상관없이 내각의 합이 불변이며, 그 값은 180°라는 결론이 나온다. 어떠한 직각삼각형이든 밑변과 높이의 제곱합이 빗변의 제곱과 같다는 '피타고라스 정리'도 평행선 공리 덕분이다.[8]

해발 100m에 위치한 두 마을 A와 B 사이에 높은 언덕이 놓여 있을 때 이 두 마을을 연결하는 터널을 뚫기 위해서는 어느 방향으로 굴을 파야 할까? 이럴 때에는 두 마을을 다 볼 수 있는 C지점에서 두 마을 사이의 거리와 각도를 측량한 다음, 삼각형의 내각의 합이

7 이 명제는 약간 현대적으로 변형한 것이다.

8 피타고라스 정리는 공간에서도 적용되며 나아가 인공위성을 이용한 지구위치측정시스템(GPS)에도 적용되어 각 지점의 위도, 경도, 고도 및 시각을 알려준다.

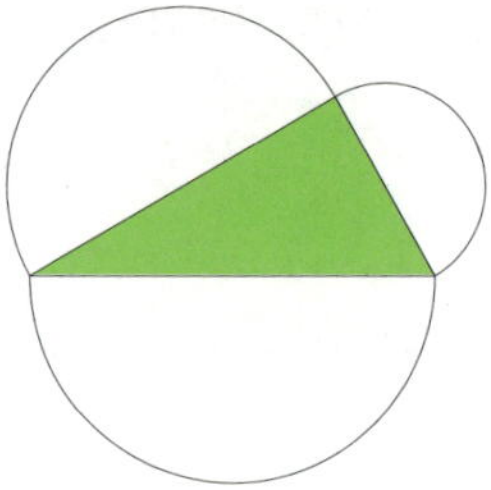

피타고라스 정리

180°라는 성질을 이용하면 굴을 뚫는 방향을 알 수 있다. 지점 C를 쉽게 발견할 수 없는 곳이면 몇 군데 중간지점을 더 정하여 측량한 다음, 삼각형의 성질을 이용하면 된다.

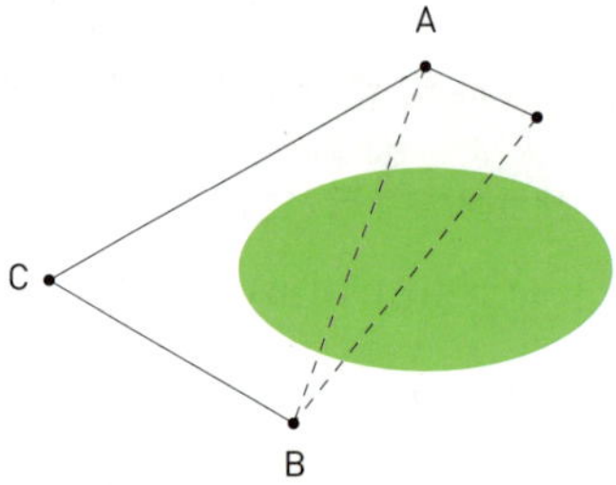

독일의 가우스(K. Gauss, 1777-1855)는 삼각형의 내각의 합이 정말 180°인지 실험하기 위하여 멀리 떨어져 있는 세 산에 올라갔다. 처음 산의 정상에서 다른 두 산의 정상을 바라본 각을 구하고, 나머지 다른 산의 정상에 올라 같은 실험을 하였다. 공간과 우주의 성질을 이해하고자 하는 중요한 실험이다. 이러한 실험은 오늘날에도 계속하고 있고, 우주가 영원히 팽창할 것인지 또는 다시 뭉쳐서 대폭발이 생길 것인지를 알아내려고 한다.

삼각형의 내각의 합이 불변이라는 성질은 대단히 흥미롭다. 이 성질은 어떠한 사각형이라도 그 내각의 합은 360°라는 것을 말해준다.[9] 사각형의 내각 보존법칙이다. 마찬가지로 오각형 내각 보존법칙, 육각형 내각 보존법칙 등이 있으니 법칙이 많기도 하다. 법칙이 많아지면 학자들은 "그것을 과연 법칙이라 부를 수 있을까?" 하고 다시 살펴본다. 아름답지 않은 것은 법칙이 아니다.

다각형의 꼭지점에서 외각이란 180°에 대한 여각을 뜻한다.

$$\text{외각} = 180° - \text{내각}$$

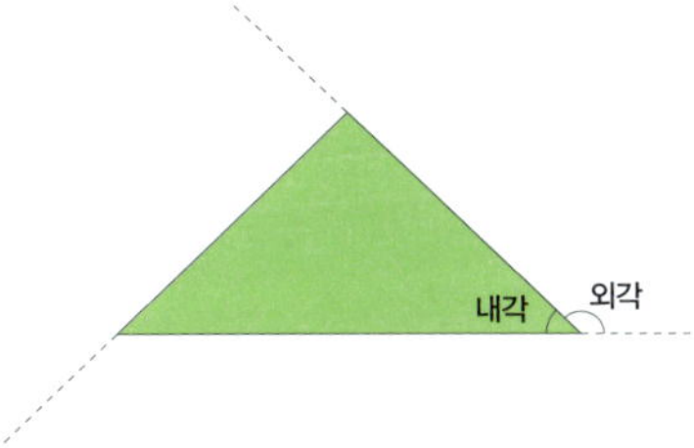

학자들은 '내각의 합' 보다 '외각의 합' 이 더욱 근본적인 개념임을, 즉 아름다운 개념임을 발견했고, 삼각형의 외각의 합이 360°요, 사

9 사각형은 삼각형 두 개로 나눌 수 있으니까.

각형의 외각의 합도 360°요, 모든 다각형의 외각의 합이 360°라는 '외각(의 합) 불변법칙' 을 발견하였다. 이것은 원을 따라 한 바퀴 도는 것을 360°라 부르는 것과 마찬가지이다.

이러한 성질은 데카르트(R. Descartes, 1596−1650)에 의하여 다면체 등에서도 발견되었는데 그것은 다음과 같다.

볼록 다면체에서 외각의 합은 720°

예를 들어 직육면체를 살펴보자. 한 꼭지점에는 세 개의 직각이 모여 있고, 이를 펼치면 360°에서 90°가 모자란다.

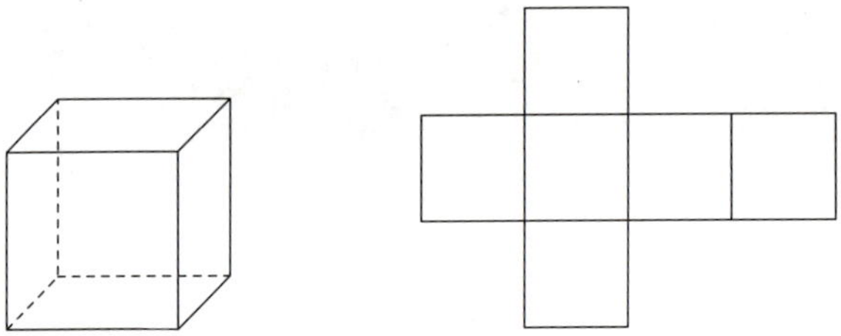

이 모자라는 각이 외각 이다. 직육면체에서는 꼭지점이 모두 여덟 개이고 따라서 모든 꼭지점의 외각의 합을 구하면

$$90 \times 8 = 720\ (^\circ)$$

이다. 데카르트가 발견한 것은 이러한 성질이 비단 직육면체에만 있

는 것이 아니라 모든 볼록하게 생긴 다면체에 다 있다는 것이다.[10]

축구공 모양은 12개의 정오각형과 20개의 정육각형을 기워서 만든다. 정오각형의 각 변에는 정육각형이 붙어 있고, 정육각형 주위는 정육각형과 정오각형이 교대로 붙어 있다.

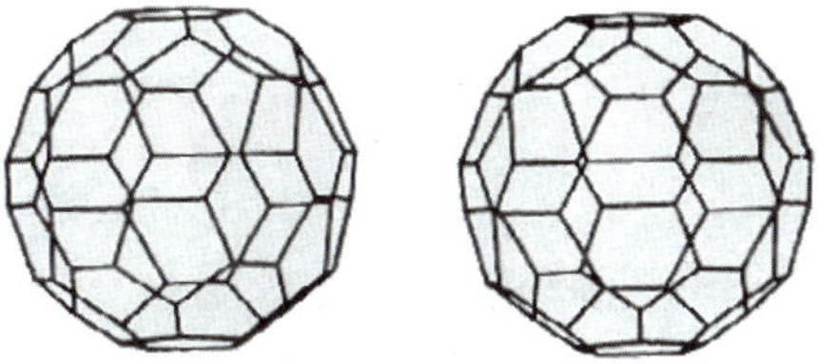

축구공과 입체그림(stereogram)

모든 꼭지점은 똑같이 생겼는데, 각 꼭지점에는 육각형 두 개와 오각형 하나가 모여 있다.

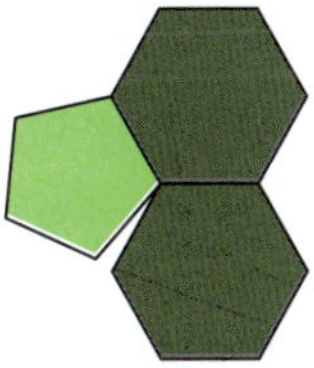

그러므로 한 꼭지점에서 '내각'은

$$120^\circ + 120^\circ + 108^\circ = 120^\circ + 120^\circ + (120 - 12)^\circ = 360^\circ - 12^\circ$$

10 이러한 현상을 고대 그리스의 아르키메데스도 알고 있었다는 주장이 있다.

이고 따라서 한 꼭지점의 외각은 12°이다. 모든 외각의 합이 720°라는 데카르트 정리 덕분에 축구공에는 꼭지점이 $\frac{720°}{12°} = 60$개가 있다는 것을 알 수 있다.

축구공 전개도

독일의 리만(B. Riemann, 1826－1866)이 1854년에 괴팅겐 대학의 강사 자격을 얻기 위하여 가우스 앞에서 「기하학의 토대를 형성하는 가설에 관하여」를 발표한 이후로 직선이나 평행선에 대한 개념은 크게 발전하였으며, 가우스가 발견한 곡률의 개념은 완성되었고, 다양한 곡률 보존법칙들이 알려졌다. 곡률 보존법칙이란 몸매가 뛰어난 사람이나 밋밋한 사람이나 나오고(+) 들어간(－) 양을 모두 더하면 다 같다는 것이다. 풍선의 한쪽을 눌러 납작하게 하면 어딘가 다른 곳이 볼록하게 되는 것과 마찬가지이다. 곡률에는 다양한 종류가 있지만 모두 다 휘어진 정도를 측정하는 값이다. 평면의 곡률은 0이고, 반지름이 r인 구면의 (가우스) 곡률은 $\frac{1}{r^2}$이다. 예를 들어 반지름이 2m인 구면 위의 각 점에서의 곡률은 $0.25/m^2$ 이다. 이 구면의 넓이는 $16\pi m^2$ 이므로 구면 전체에서의 곡률의 합은

$$16\pi \times 0.25 = 4\pi$$

이다. 이와 같은 전(全)곡률은 지구처럼 큰 구면이던지, 오이처럼 길쭉한 구형이던지 상관없이 모두 4π이다. 볼록 다면체의 외각의 합이 $720°$(즉, $4 \times 180°$)인 것처럼.

에너지 보존법칙이 물리학과 화학에서 가장 중요한 법칙 가운데 하나인 것처럼 곡률 보존법칙은 기하학에서 가장 중요한 법칙 중 하나이다. 리만의 기하학은 오늘날 일반상대성이론과 초끈이론(superstring theory)의 큰 바탕을 이루고 있다. 뉴턴의 힘(F)과 질량(m) 및 가속도(a)에 관한 운동법칙 $F = ma$는 아인슈타인에 의하여 곡률에 관한 방정식으로 바뀌었고, 모든 움직임은 시공간의 휘어짐에 따라 자연스럽게 빛의 속도로 미끄러지는 것뿐이다.

존재와 무 _
정수

정수(整數, integer)에는 자연수(즉, 양의 정수), 영, 그리고 음의 정수가 있다.

자연수를 말할 때에는 영(0)을 취급하지 않는 것이 보통이지만 학자들은 영을 자연수에 넣는 것이 자연스럽다고 생각한다. 1988년 서울에서 올림픽이 열릴 때, 차량 짝홀제 운행을 시행하였다. 차량 번호가 짝수인 차량은 짝수날에 운행하고, 차량 번호가 홀수인 차량은 홀수날에 운행하도록 하는 제도였다. 하지만 서울시에서는 차량 번호의 마지막 자릿수의 홀짝에 따라 운행하도록 홍보하였고, 이때 어느 학교 교사가 "끝자리가 영인 차량은 홀수날에 운행하나요? 아니면 짝수날에 운행하나요?"라고 질문하였다. 짝수란 2의 배수를 뜻하고, 그렇지 않은 정수는 모두 홀수이다. 영은 모든 정수의 배수이고, 특히 2의 배수이므로 짝수이다.

자연수는 그 용도가 크게 두 가지인데, 하나는 사물의 개수를 알려줄 때 사용하고, 또 하나는 사물의 순서를 알려줄 때 사용한다. 처음의 용도로 쓸 때에는 가장 기본이라는 뜻으로 기수(基數)라 하고, 두 번째 용도로 쓸 때에는 순서를 정한다는 뜻으로 서수(序數)라 한다.

21명이라 말할 때에 21은 기수이고, 21번지라고 말할 때 21은 서수이다. 전화를 잘못 받았을 때, "몇 번에 거셨나요?"라고 물을 때에는 '서수'를 묻는 것인데, "한번에 걸었습니다."라고 기수로 답하면 이상하게 들린다.

자연수에는 자연스러운 순서가 주어져 있지만, 이러한 순서는 사전식 배열과는 크게 다르다. 영어 사전에는 abc라는 단어가 ca라는 단어보다 먼저 나온다. 하지만 123쪽을 31쪽보다 먼저 배열하지는 않는다.

영

자연수를 제대로 표현하기 위하여 영(0)이 사용되었다는 것은 흥미있는 일이다. 인류의 오랜 역사에서 영은 수로 인정받지 못하였다. 하지만 현대 수학자들은 영이야말로 모든 자연수를 생성하는 것이므로 영을 당연히 자연수에 포함시켜야 한다고 주장한다.

기원전 45년 율리우스 시저는 계절과 달력을 맞추기 위하여 4년마다 윤년을 두라고 지시하였으나, 후손들은 '윤년, 평년, 평년, 윤

년, 평년, 평년, 윤년, 평년, 평년, 윤년,…' 으로 시행하였고, 수십년이 지난 기원전 8년에야 아우구스투스 황제에 의하여 비로소 잘못을 바로 잡았던 기록이 있다.

예수님 돌아가시고 사흘만에 부활하셨다고 하지만, 금요일에서 이틀 지나야 일요일이다.

국어사전을 살펴보면 한글의 초성에는 37가지가 있고, 중성에는 25가지가 있으며, 종성에는 30가지가 있다고 되어 있다. 하지만 한글의 초성과 종성에는 '없는 소리' 가 있으니 이를 반영하는 것이 옳다.

요즈음 전자편지에는 쓰레기가 너무 많아 제목에 특정한 단어가 들어 있는 편지는 자동으로 삭제하는 방법이 있다. 하지만 제목이 없는 우편물을 자동 삭제하는 것은 아직도 쉬운 일이 아닌 것 같다. 인터넷 검색을 할 때에도 어떠한 단어가 없는 홈페이지를 검색하는 것은 어렵다.

유럽에서는 건물의 지상층을 0층이라 하고, 1층은 그 위층을 뜻한다.

음악에서 한 옥타브(8)가 높다고 말하는 것도 사실은 여덟 계단이 아니라 일곱 계단 높은 음을 뜻한다.

21세기는 2001년에 시작하여 2100년까지인데, 한 세기도 1년을 앞당겨(혹은 99년 지나) 시작하였더라면 더 좋았을 것 같다.

이와 같이 역사를 통하여 영은 제대로 대접받지 못하였다. 하지만 현대적인 집합론에서는 영에서 모든 자연수가 나온다고 설명한다. 없음을 아는 것은 있음을 아는 것만큼 중요하다. 보이는 물질과 보이지 않는 정신은 서로 얽혀 있다.

헝가리 태생의 유명한 수학자인 폰 노이만(J. von Neumann, 1903−1957)은 영을 아무 것도 들어 있지 않는 '공집합'으로 정의하였다.

$$0 = \{\ \}$$

그리고 1은 그 속에 0이 있는 집합을 뜻한다.

$$1 = \{0\}$$

그리고 2란 그 속에 0과 1이 들어 있는 집합을 뜻한다.

$$2 = \{0,\ 1\}$$

이러한 입장에서 보면 '2진법'이라는 용어의 뜻은 '{0,1}진법'이라는 뜻이다. 마찬가지로 '열'이란 {영, 하나, 둘, 셋, 넷, 다섯, 여섯, 일곱, 여덟, 아홉}을 뜻한다.[11]

11 이러한 생각은 '집합론 생각'이다. 수학에는 기하학과 산술을 비롯한 여러 분야가 있어서 분야마다 보는 입장이 약간씩 다를 수 있다.

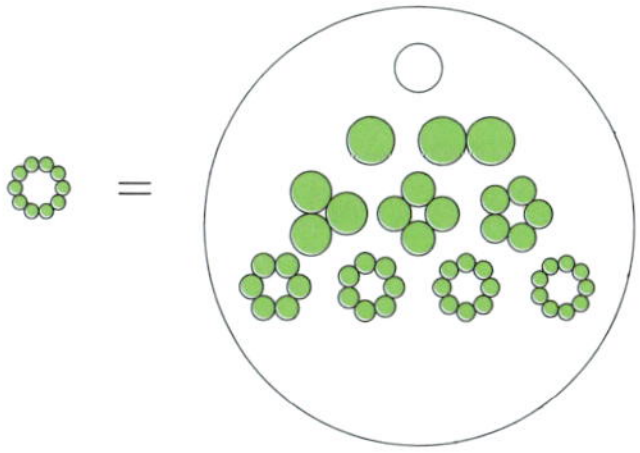

필자는 집합을 '봉지' 라고 부르거나 '마음' 이라고 부르기를 좋아하는데, 별로 호응을 얻지 못하고 있다. 0은 봉지인데, 그 속에는 아무것도 들어 있지 않은 봉지이다. 1은 봉지인데, 그 속에는 빈 봉지 하나가 들어 있다. 2는 봉지인데 그 속에는 두 개의 봉지가 들어 있다. 하나는 빈 봉지이고, 또 하나는 빈 봉지가 들어 있는 봉지이다. 현대적인 집합론은 모든 것을 빈 봉지에서 설계한다.

세상에 빈 봉지(∅) 말고도 더 이상 쪼갤 수 없는 '불가분자' 들이 있다면, 그리고 그들을

∅, ●, △, ★

등으로 나타낸다면 이들로부터 첫날에 생성되는 것은

1, {●}, {△}, {★}

{∅,●}, {∅,△}, {∅,★}, {●,△}, {●,★}, {△,★},

{●,△,★}, {∅,△,★}, {∅,●,★}, {∅,●,△}, {∅,●,△,★},

등 모두 $2^4-1=15$ 가지이고, 이들로부터 둘째 날에 생성되는 것은

$$\{1\},\ \{\{●\}\},\ \{\{△\}\},\ \{\{★\}\},\ \{\{\varnothing,●\}\},\ \cdots,\ 2,\ \cdots$$

등 모두

$$2^{4+15}-2^4=524272$$

가지가 생성되며 셋째 날에는

$$3=\{0,1,2\}$$

을 비롯하여 모두

$$2^{4+15+524272}-2^{4+15}$$

가지가 생성된다. 여섯째 날에는 이루 말할 수 없이 많은 것들이 생긴다.

음수

영(0)이 제대로 대접을 받지 못한 것처럼, 음수가 제대로 대접을 받게 된 것도 그 역사가 얼마되지 않는다. 하지만 오늘날 '영하 5도C' 라는 개념이 낯선 사람은 거의 없을 것이다. 영하 5도C에서 5도C가 올라가면 0도C가 된다. 가진 재산이 '영하 백만 원' 이면, 빚이 백만 원이라는 뜻이다. 동쪽으로 '영하 백 미터' 가면 서쪽으로 백 미터

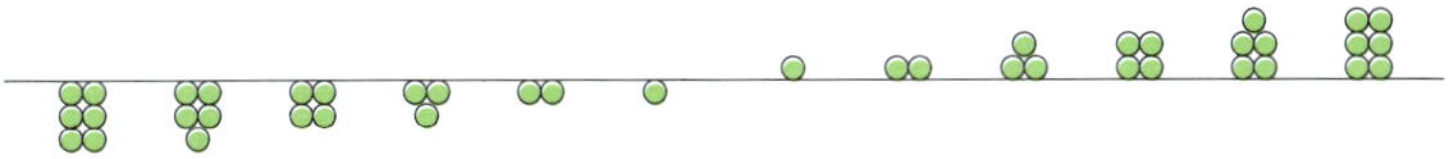

음수, 영, 양수

간 것과 마찬가지이다.

사람들 중에는 사회에 도움이 되는 이도 있고, 오히려 해가 되는 이도 있다. 좋은 사람은 1점, 나쁜 사람은 −1점, 그리고 보통 사람은 0점으로 평가한다고 하자. 좋은 사람이 우리 마을에 들어오면 +요, 좋은 사람이 우리 마을에서 빠져 나가면 −이다. 나쁜 사람 두 사람이 우리 마을에서 나가면, 우리 마을의 점수는

$$(-2)\times(-1) = 2\text{(점)}$$

이 올라간다.

다음 지렛대 그림은 '음수 곱하기 음수'가 왜 '양수 곱하기 양수'와 같은지를 설명하는 데 쓰인다.

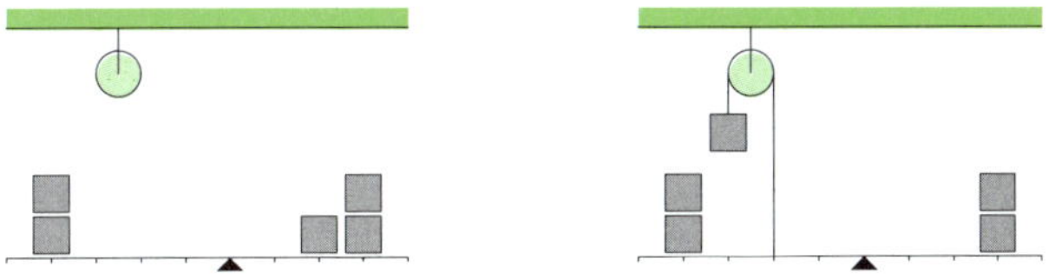

$$2\times 1 = (-2)\times(-1)$$

법산

자연수는 너무 많이 있으므로, 이들 중 처음 유한개만 사용하여 수를 표현하는 법을 법산(法算, modular arithmetic)이라 한다. 법산은 반복하여 일어나는 현상, 즉, 주기적인 현상을 나타낼 때 사용하는 셈법이다. 대표적인 것으로는

- 일, 월, 화, 수, 목, 금, 토
- 1년 12개월, 밤낮 12시간
- 육십 개의 갑자(甲子), 을축(乙丑), … , 계해(癸亥)

등이 있다.

10시에서 3시간이 지나면 1시가 되는 것은 12법산의 보기이다.

$$10 + 3 = 1(12\text{법산})$$

12법산에서는 서로 다른 정수라도 그 차이가 12의 배수이면 같은 수로 본다.

이러한 법산은 신용카드, 주민등록번호, 상품의 바코드뿐 아니라 문서를 암호화할 때에도 주요하게 쓰인다.

11법산을 하여 만드는 주민등록번호의 예를 보자. 11법산에서는 10과 -1이 다르지 않다. 서로의 차이가 11의 배수인 두 정수는 11법산에서는 같은 수이다. 우리나라에서 사용하는 주민등록번호는 개인의 정보가 노출되건 말건 상관없이 모두 생년월일의 여섯 자릿

수에서 시작한다.[12] 이어서 남녀구별하는 한 자릿수, 등록 구별하는 다섯 자릿수, 그리고 마지막 한 자릿수는 번호가 옳게 되었는지를 확인하는 수로, 모두 열세 자릿수로 구성되어 있다.

□□□□□□-□□□□□□-␣

마지막 한 자릿수인 **확인수(␣)**는 다음과 같이 정한다. 주민등록번호의 처음 수를 2배, 다음 수는 3배, 그 다음 수는 4배, 계속하여, 5배, 6배, 7배, 8배, 9배까지 한 다음, 그 다음 수는 다시 2배, 3배, 4배, 5배한 것과 마지막 확인수를, 11을 법으로 하여 모두 더한 것이 0이 되도록 정한다. 구체적인 보기로 주민등록번호가

890123－456789␣

라고 하자. 그러면 위에서 말한 것처럼 11을 법으로, 첫자릿수 8을 2배하여

$$8 \times 2 = 16 = 5 \text{ (11법산)}$$

9를 3배하여

$$9 \times 3 = 27 = 5 \text{ (11법산)}$$

---

12 현행 주민등록번호를 바꾸자는 데 찬성하시는 분 있나요?

등을 얻고 이를 모두 더하면 다음과 같다.

$$5+5+0+5+1+(-1)+(-1)+1+1+(-1)$$
$$+(-1)+1+\sqcup = 4+\sqcup \text{ (11법산).}$$

이 값이 0이 되도록 마지막 자리(ㅁ)를 정하므로 따라서 ㅁ는 7이라는 것을 알 수 있다.[13]

달력

달력은 주기적인 것의 대표적인 보기이다. 현재 우리가 사용하는 달력은 1582년에 제정된 그레고리력인데, 이러한 달력의 주기는 400년이다. 그 이유는 평년은 365일이고 400년 동안 윤년이 97번 있으므로 400년은

$$365 \times 400 + 97 = 146097$$

일이며 이 값이 7의 배수이기 때문이다. 2000년 1월 1일이 토요일이므로 2400년 1월 1일도 토요일이다. 그리고 400년에는

$$146097 \div 7 = 20871$$

주가 있다. 그러므로 400년 동안 일, 월, 화, 수, 목, 금, 토요일이 각

13 주민등록번호의 마지막 자리가 10이라야 할 경우에는 0으로만 쓴다.

각 20871번씩 있다. 한편 13일이 4800번 있는데, 이 중 금요일이 688일로 가장 많이 있고, 목요일과 토요일이 684일로 가장 적게 있다. (52쪽 참조)

요즈음 토일요일 휴무제가 확산되고 있어서, 평일은 월화수목금 닷새고, 휴일은 토일 이틀이다. 그러므로 평일과 휴일의 비가 5 : 2 = 2.5이다. 관공서에서는 에너지 절약을 위하여 차량 통행을 줄이겠다는 단편적 생각으로 10부제라는 제도를 시행하여 건강한 시민이나 몸이 불편한 시민들을 모두 훈련시키고 있는데,[14] 차량 번호의 마지막 자리가 1인 경우는 평일인 1일, 11일, 21일의 통행을 자제하게 하고, 차량 번호의 마지막 자리가 2인 차량은 평일인 2일, 12일, 22일 통행을 자제하게 하며, 이와 같이 하여 차량 번호가 0으로 끝나는 차량은 평일인 10일, 20일, 30일 통행을 자제하게 한다. 그리고 휴일이나 31일에는 통행 제한을 하지 않는다. 이러한 제도가 400년 동안 계속 된다면 어떠한 차량 번호가 제한을 가장 적게 받을까?

차량번호 마지막수	1, 3, 4, 5, 6, 8	2,7	9	0
평일수	10286	10285	10069	10001
휴일수	4114	4115	4028	3999
평일수 : 휴일수	2.50024	2.49939	2.49975	2.50088

14 최근에는 차량 요일제 운행을 적극 검토하고 있다고 한다.

■ 400년 통계표 ■

일수	일	월	화	수	목	금	토	평일수	휴일수	합계
1	688	684	687	685	685	687	684	3428	1372	4800
2	684	688	684	687	685	685	687	3429	1371	4800
3	687	684	688	684	687	685	685	3428	1372	4800
4	685	687	684	688	684	687	685	3430	1370	4800
5	685	685	687	684	688	684	687	3428	1372	4800
6	687	685	685	687	684	688	684	3429	1371	4800
7	684	687	685	685	687	684	688	3428	1372	4800
8	688	684	687	685	685	687	684	3428	1372	4800
9	684	688	684	687	685	685	687	3429	1371	4800
10	687	684	688	684	687	685	685	3428	1372	4800
11	685	687	684	688	684	687	685	3430	1370	4800
12	685	685	687	684	688	684	687	3428	1372	4800
13	687	685	685	687	684	688	684	3429	1371	4800
14	684	687	685	685	687	684	688	3428	1372	4800
15	688	684	687	685	685	687	684	3428	1372	4800
16	684	688	684	687	685	685	687	3429	1371	4800
17	687	684	688	684	687	685	685	3428	1372	4800
18	685	687	684	688	684	687	685	3430	1370	4800
19	685	685	687	684	688	684	687	3428	1372	4800
20	687	685	685	687	684	688	684	3429	1371	4800
21	684	687	685	685	687	684	688	3428	1372	4800
22	688	684	687	685	685	687	684	3428	1372	4800
23	684	688	684	687	685	685	687	3429	1371	4800
24	687	684	688	684	687	685	685	3428	1372	4800
25	685	687	684	688	684	687	685	3430	1370	4800
26	685	685	687	684	688	684	687	3428	1372	4800
27	687	685	685	687	684	688	684	3429	1371	4800
28	684	687	685	685	687	684	688	3428	1372	4800
29	644	641	644	642	642	643	641	3212	1285	4497
30	627	631	626	631	627	629	629	3144	1256	4400
31	400	399	401	398	402	399	401	1999	801	2800
합계	20871	20871	20871	20871	20871	20871	20871	104355	41742	146097

앞표에서 보면 차량 번호의 끝자리가 2 또는 7인 차량이 평일수:휴일수의 비가 가장 낮고, 그 다음은 끝자리가 9인 차량이며, 평일수:휴일수의 비가 가장 높은 차량은 끝자리가 0인 차량임을 알 수 있다.

퀴즈3

금년도 달력 중 내년 1월과 요일이 같은 달은 어느 달인가?(해답은 209쪽)

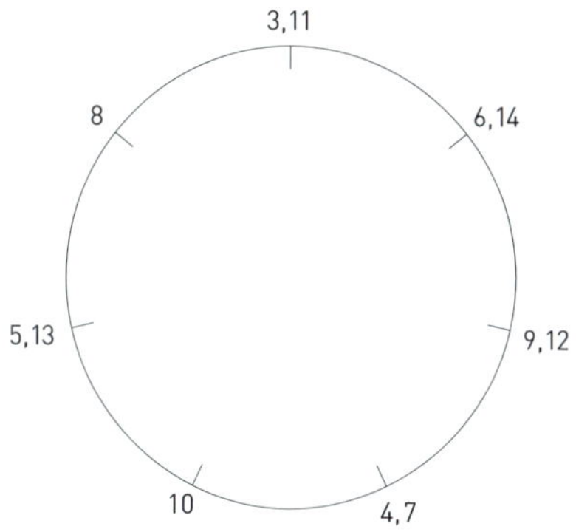

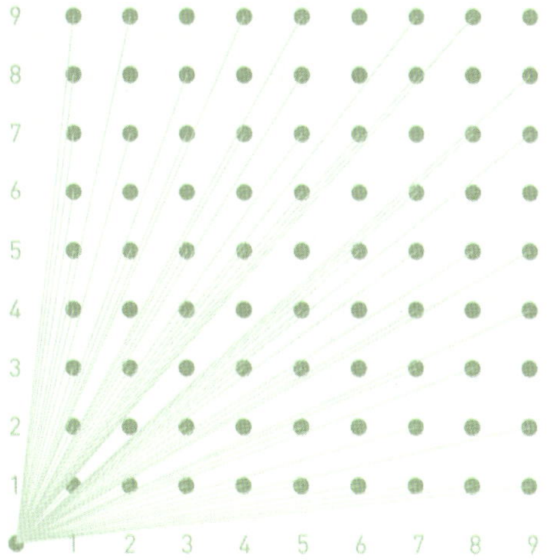

로고스 _ 분수와 비율

길이를 재거나 무게를 잴 때 대부분의 사람은 기준이 무엇인지 별로 관심이 없다. 기준이 없이는 길이나 무게를 잴 수 없다. 지금은 1미터와 1킬로그램 등 세계적인 표준이 있으니 이 덕분에 다른 것을 잘 측량할 수 있다.

길이나 무게뿐 아니라, 온도, 기압, 시간, 1월 1일, 하루의 시작, 경도, 학교 갈 나이, 투표권 있는 나이, 고속도로 최고 속력, 화폐의 단위, 표준 음정, 글자의 약속 등 수많은 것들이 그 기준을 정하기까지 오랜 세월이 걸렸다. 정보시대에 살고 있는 지금은 '정보량' 을 재는 기준까지 마련되어 있다.

기준이 정해지지 않은 경우에는 두 가지를 비교할 수밖에 없고, 그것이 바로 분수와 비율, 나아가 실수의 개념이 싹트게 된 동기이다.

여러 가지 측량의 가장 기본은 하나, 둘, 세는 것이고, 그 다음은 길이를 재는 것이다. 기준이 없다면 '막대의 길이'는 수량화되어 있지 않다. 고대 그리스의 피타고라스 학파는 두 막대의 길이를 비교하기 위하여 다음과 같은 생각을 하였다.

짧은 막대를 몇 개 계속 쌓아 긴 막대와 길이가 같아지는지 비교한다. 짧은 막대를 다섯 개 쌓으니 그 길이가 긴 막대와 같아진다면 긴 막대와 짧은 막대의 길이의 비는 5 : 1이다.

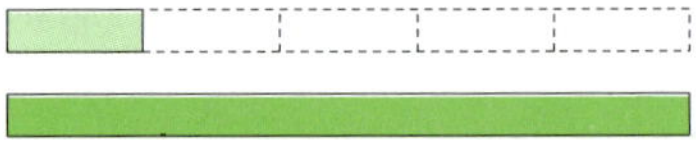

그렇지 않고 짧은 막대를 쌓아보니 긴 막대의 길이를 넘게 되면, 긴 막대를 하나 더 쌓아 계속 비교하여 간다.

짧은 막대 아홉 개와 긴 막대 두 개의 길이가 같다면, 이들의 길이의 비는 2 : 9이다.

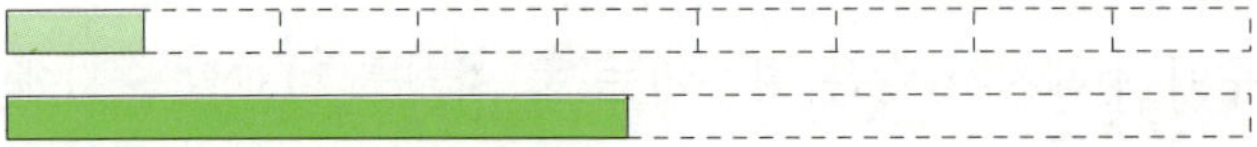

두 가지 길이가 있을 때 처음 것을 몇 배하고 두 번째 것을 몇 배하여 두 길이가 같아지게 할 수 있을 때, 이 두 길이는 공배수가 있

다고 말하거나 또는 공측성(公側性, commensurability)이 있다고 말한다.

두 길이 사이에 공약수가 있다는 것은 다음을 뜻한다. 제삼의 길이를 잘 정하면 처음 두 길이는 각각 제삼의 길이의 자연수 배이다.

'공배수가 있다는 성질'과 '공약수가 있다는 성질'이 같음은 다음과 같이 알 수 있다. 예를 들어 작은 막대를 아홉 배 한 것이 큰 막대를 두 배 한 것과 크기가 같다고 하자.

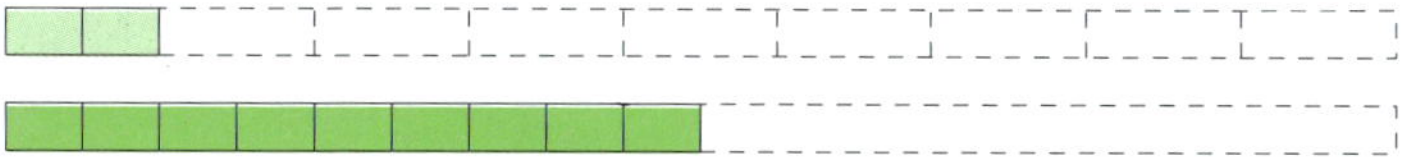

이때 작은 막대 길이의 반을 기준이라 부르기로 한다. 작은 막대를 아홉 배로 늘이면 기준도 아홉 배로 늘어나는데, 그렇게 늘어난 것이 큰 막대와 길이가 같다. 다시 말하면, 작은 막대는 기준의 두 배이고, 큰 막대는 기준의 아홉 배이다. 이 기준이 바로 원래 막대들의 최대공약수이다.

'공배수가 있음'과 '공약수가 있음'이 같은 뜻이므로 우리는 '공측성'이라는 용어를 주로 쓰기로 한다.

피타고라스 학파는, 모든 길이는 서로 공측성이 있다고 믿었다. 이러한 믿음을 바탕으로 사각형의 넓이가 '가로 곱하기 세로'라는 것을 설명하였고, 땅의 넓이를 재고, 재단의 크기나 곡식의 부피 재

는 법을 설명하였다.[15]

피타고라스 학파의 신념은 단지 길이에만 국한된 것은 아니다. 그들은 무게들도 공측성을 가진다고 생각하였다. 두 개의 돌이 있다고 하자. 가벼운 돌을 몇 배하여 무거운 돌과 같은 무게가 되지 않는다면, 무거운 돌 두 개와 비교하고, 또는 무거운 돌 세 개와 비교한다. 이렇게 비교하다 보면 언젠가는 가벼운 돌 몇 개의 무게와 무거운 돌 몇 개의 무게가 같아지는 경우가 생기고, 이때 사용된 돌의 개수가 처음 두 돌의 무게의 비를 말해준다.

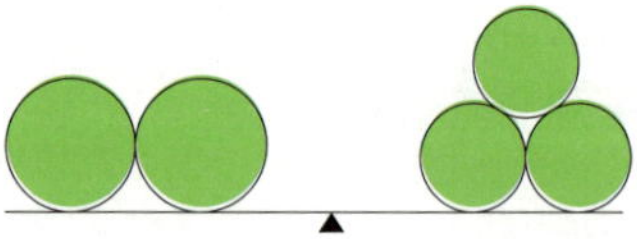

공측성에 대한 믿음은 길이나 무게뿐 아니라, 온갖 측량할 수 있는 것은 다 그러하다고 생각하였다. 아름다운 음의 비도 1 : 2와 2 : 3을 기본으로 하여 설명하였다. 피타고라스 학파의 믿음은 모든 비가 분수, 즉 유리수라는 것을 뜻하는데, 이것은 잘못된 생각이라는 것이 조금씩 드러나기 시작하였다. 대표적인 것이 그들 학파의 상징인 별꼴이었고, 그 외에도 정사각형의 한 변과 대각선의 비가 공측성을 가지지 않는 것을 발견하였다. 이것이 바로 무리수의 발견이다.

15 이 부분에 대한 보충 설명은 '넓이' 장에서 다루기로 한다.

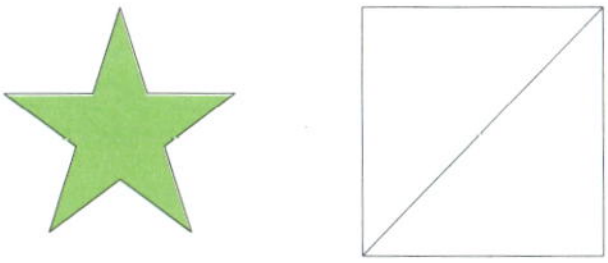

고대 그리스의 에우독소스는 두 길이 A, B가 공측성이 없을 때 그들의 비 A : B가 무엇인지 설명할 수 없었고, 두 무게 M, N이 공측성이 없을 때 그들의 비 M : N이 무엇인지 설명할 수 없었지만, A : B와 M : N 중 어느 쪽이 크고 어느 쪽이 작은지를 비교할 수 있는 방법을 발견하였다. 이러한 에우독소스의 비례에 대한 생각이 오늘날 실수(實數)의 개념으로 발전하였다.

$\sqrt{2}$

아래 그림은 정사각형 두 개의 넓이가 대각선을 한 변으로 하는 정사각형의 넓이와 같음을 보여준다. 그러므로 정사각형의 한 변의 길이를 1이라 하면, 대각선의 길이는 제곱하면 2가 되는 수이다. 이 수의 이름은 '제곱근2' ($\sqrt{2}$)이다.

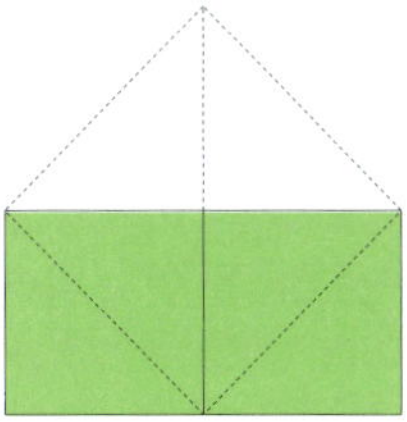

사물의 이름을 안다고 하여 그것에 대하여 다 아는 것은 아니다. $\sqrt{2}$는 기준(1)에 대하여 공측성을 가지고 있지 않다.

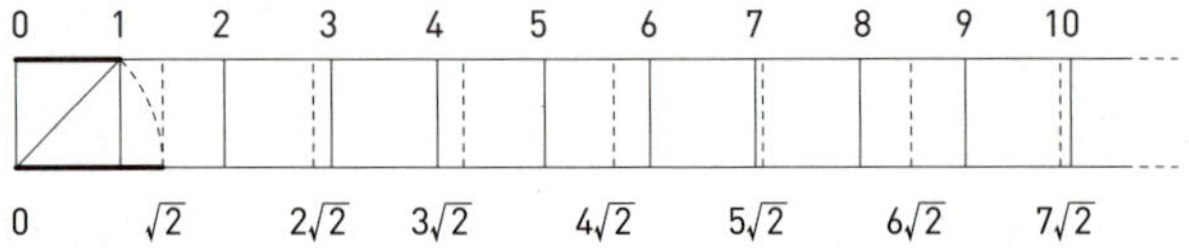

다시 말하면, $\sqrt{2}$는 유리수가 아닌 수, 즉, 무리수라는 말이다. 그 이유는 다음과 같다.

유리수도 아니고 무리수도 아닌 그런 수는 없다. 그러므로 $\sqrt{2}$는 유리수이든지 아니면 무리수이든지 이 둘 중의 하나임은 틀림없다. 우리는 $\sqrt{2}$가 유리수라는 생각은 잘못된 생각이라는 것을 밝힐 것이고 이로부터 $\sqrt{2}$는 무리수일 수밖에 없다는 결론을 얻을 것이다.

만약 $\sqrt{2}$가 유리수라면, 그것은 자연수와 자연수의 비, 즉 분수로 표현할 수 있다.

$$\sqrt{2} = p/q$$

이 식을 제곱하면 $2 = p^2/q^2$을 얻고 따라서

$$2q^2 = p^2 \qquad (1)$$

을 안다. 이 식에서 p와 q는 자연수이고 따라서 소인수분해 할 수 있다. p의 소인수분해에 2가 몇 개 들어 있든지 상관없이 p^2에는 짝수개의 2가 들어 있다.

$$p = 2\times\cdots \Rightarrow p^2 = (2\times\cdots)\times(2\times\cdots)$$

마찬가지로 q^2을 소인수분해 해도 2가 짝수개 들어 있다. 그러므로 식 (1)의 좌변에는 홀수개의 소인수 2가 있고, 우변에는 짝수개의 소인수 2가 있다. 짝수와 홀수가 다르다는 것을 믿는 한 이러한 일은 있어서는 안 되는 것이다. 이 모순의 원인은 바로 $\sqrt{2}$가 유리수라는 잘못된 가정 때문이다. 그러므로 $\sqrt{2}$는 유리수가 아니고 무리수이다. 즉, 기준인 1(정사각형의 한 변)과 $\sqrt{2}$(정사각형의 대각선)는 공측성을 가지고 있지 않다는 말이다.

다음 그림은 과수원에 나무가 가로와 세로로 잘 정렬되어 있는 모습

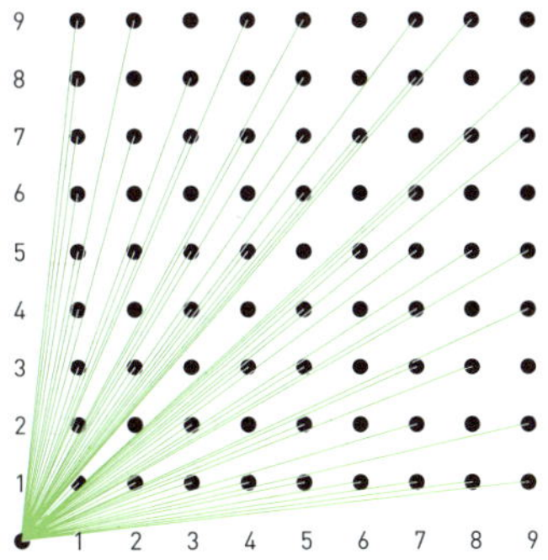

을 그린 것이다. 갑돌이가 정자(亭子)에 올라 나무들을 바라보면 그 기울기(동으로 몇 번째, 북으로 몇 번째)는 모두 유리수로 나타난다. 기울기가 $\sqrt{2}$인 나무는 없다. 위치가 동2북2인 나무는 동1북1에 위치한 나무에 가려서 보이지 않는다. 위치의 기울기가 기약분수인 나무는 다 보이는 나무이고, 위치가 동6북4처럼 그 기울기가 4/6로 기약분수꼴이 아닌 나무는 동3북2 나무에 가려 보이지 않는다.

가로와 세로의 길이의 비가 $\sqrt{2}$인 직사각형은 우리 주위에서 흔히 보는 복사기 용지로 쓰인다. A4 용지도 그러하고, B4 용지도 그러하다. 이러한 직사각형의 특징은 반으로 접으면 여전히 닮은 꼴이라는 것이다. 복사할 때에는 작은 글씨를 확대하기도 하고, 너무 큰 것은 축소하기도 해야 하는데, 이 경우 용지의 낭비가 없게 하려면 그 모양이 $\sqrt{2}$-직사각형이라야 한다.

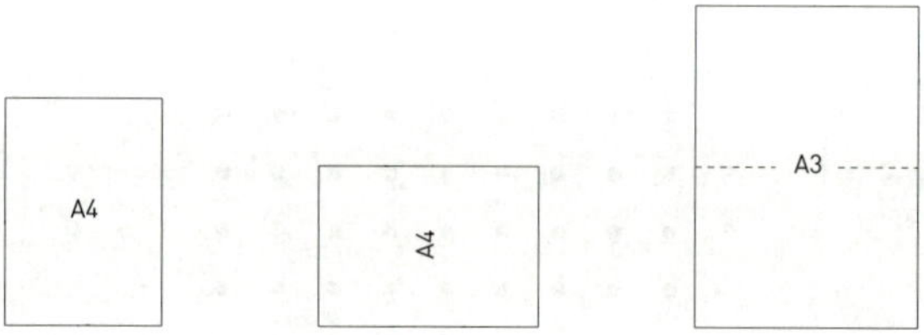

A4 용지는 A3 용지를 반으로 잘라 만든다. 넓이는 닮음비의 제곱에 비례하므로 두 용지의 닮음비는 $1:\sqrt{2}$이다.

A3 용지는 A2 용지를 반으로 잘라 만들며, A2 용지는 A1 용지

를 반으로 잘라 만들고, A1 용지는 A0 용지를 반으로 잘라 만든다. 그러므로 A4 용지는 A0 용지를

$$2^4 = 16$$

등분한 것이다. 전지(A0 용지)의 넓이는 1평방미터이다. 전지의 가로 길이를 a라 하면, 세로 길이는 $\sqrt{2}a$이며, 넓이가 1제곱미터이므로

$$\sqrt{2}a^2 = 1$$

이라는 식을 얻는다. 그러므로 전지의 가로는 $\frac{1}{\sqrt{\sqrt{2}}}$미터이고, 세로는 $\sqrt{\sqrt{2}} = \sqrt[4]{2}$미터이다. A4 용지는 이 길이의 1/4이므로 가로와 세로는 각각

$$\frac{1}{4}\times\frac{1}{\sqrt{\sqrt{2}}}\,\mathrm{m} \approx 21.0\mathrm{cm} \qquad \frac{1}{4}\times\sqrt{\sqrt{2}}\,\mathrm{m} \approx 29.7\mathrm{cm}$$

이다.

B 용지도 A 용지와 마찬가지로 만들지만 A 용지와의 넓이의 비가 2:3이다.[16] 그러므로 A 용지와 B 용지의 닮음비는

$$\sqrt{2} : \sqrt{3}$$

16 도음과 솔음의 비처럼.

이다.

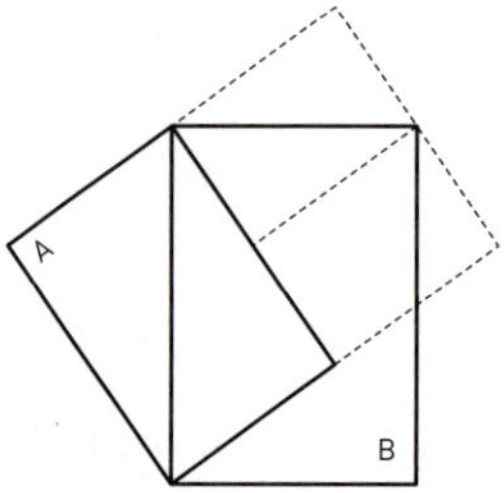

A4 용지의 대각선의 길이는 B4 용지의 세로와 마찬가지이고 이것이 $\sqrt{3}$을 뜻한다.

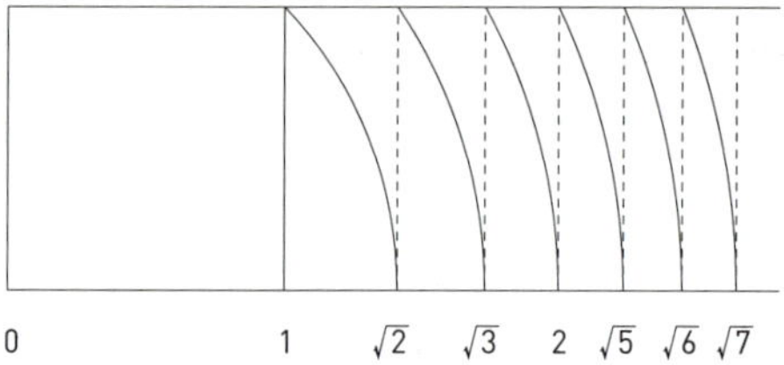

바빌로니아 알고리즘

지금부터 4천여 년 전 고대 메소포타미아 지역에는 진흙이 풍부하였는데, 그것에 기록을 한 것이 아직도 남아 있어 당시의 생활상을 상당히 알 수 있다. 그 점토판 중에는 직각삼각형의 변의 길이에 관한 방대한 기록이 있다. 또 $\sqrt{2}$를 셈한 기록도 있는데, 비록 60진법을 사용하기는 하였지만 정확도는 아주 높다. 당시의 학자들이 사용한 셈법을 바빌로니아 알고리즘이라 부르는데 그 방법은 다음과 같다.

우선 $\sqrt{2}$에 가깝다고 생각하는 수를 아무 것이나 하나 정한다. 그것을 x_0이라 하자. 이때 x_0과 $\frac{2}{x_0}$를 서로 곱하면 2가 되므로 그 중 하나는 $\sqrt{2}$보다 작고, 나머지 하나는 $\sqrt{2}$보다 크다. 바빌로니아인들은 x_0이 $\sqrt{2}$에 가까운 정도보다 x_0과 $\frac{2}{x_0}$의 평균인

$$\frac{1}{2}\left(x_0 + \frac{2}{x_0}\right)$$

이 $\sqrt{2}$에 더 가깝다는 것을 발견하였다. 이 수를 x_1이라 하자. 그러므로 처음 생각한 수 x_0보다 더 $\sqrt{2}$에 가까운 수 x_1을 발견한 것이다. 마찬가지 방법으로 x_1보다 더 $\sqrt{2}$에 가까운 수 x_2를 발견할 수 있고, 계속하여 원하는 만큼 참값에 가까운 값을 구할 수 있다. 구체적인 보기로 처음에 $x_0 = 1$이 $\sqrt{2}$에 가깝다고 생각하였다고 하자. 그러면

$$x_1 := \frac{1}{2}\left(1+\frac{2}{1}\right) = \frac{3}{2} = 1.5$$

가 훨씬 더 $\sqrt{2}$에 가까우며

$$x_2 := \frac{1}{2}\left(\frac{3}{2} + \frac{2}{\frac{3}{2}}\right) = \frac{17}{12} = 1.416$$

은 더 가깝고

$$x_3 := \frac{1}{2}\left(\frac{17}{12} + \frac{2}{\frac{17}{12}}\right) = \frac{577}{408} \approx 1.4142$$

는 더욱 가깝다는 것이다.

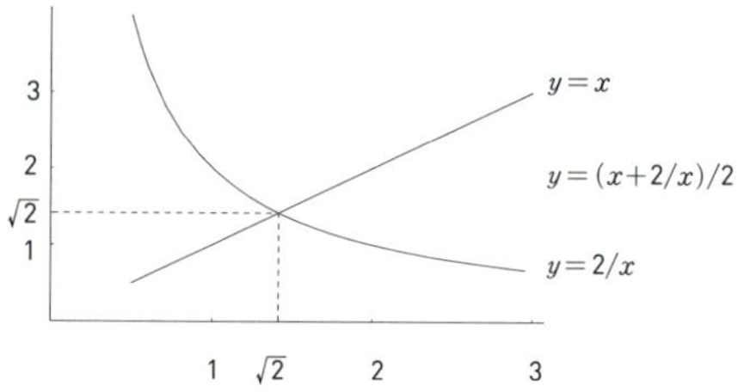

이러한 방법, 즉, 알고리즘은 $\sqrt{2}$뿐 아니라 임의의 제곱근을 구할 때에도 적용된다.

- 바빌로니아 알고리즘 : 임의의 양수 m과 x_0에 대하여

$$\frac{1}{2}\left(x_0 + \frac{m}{x_0}\right)$$

은 x_0이 $\sqrt{m}$에 가까운 정도보다 더 $\sqrt{m}$에 가깝다.

이를 $\sqrt{3}$과 $\sqrt{5}$에 적용하면 다음과 같다.

	$\sqrt{3}$	$\sqrt{5}$
x_0	2	2
x_1	1.75	2.25
x_2	1.732	2.236

$\sqrt{5}$

상식으로 $\sqrt{5}$까지는 알고 있는 것이 좋다. $\sqrt{5}$와 1의 평균값인

$$\frac{1+\sqrt{5}}{2} \approx 1.618$$

은 '황금비' 라고 부르는 유명한 값이니까.

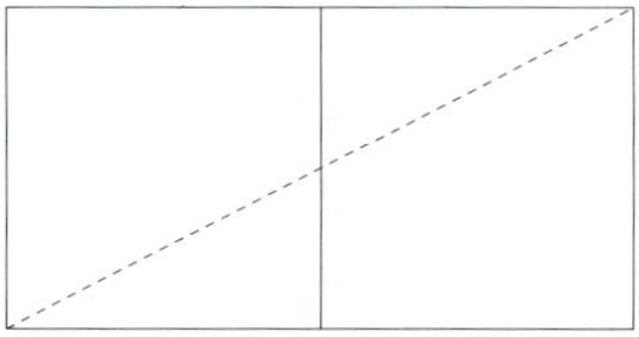

신용카드, 교통카드 등은 모두 가로-세로비가 황금비가 되도록 만든다. 담배갑도 같은 크기이다. 황금비 사각형에서 정사각형을 잘라내면 황금비 사각형이 남는다.

손가락의 세 마디 중 작은 마디와 중간 마디를 더하면 큰 마디의

길이가 되는 것처럼, 황금비는

$$1 + g = g^2$$

이라는 방정식을 만족시킨다.[17]

피타고라스 학파의 상징인 별에서 먼 꼭지점 사이의 거리와 가까운 꼭지점 사이의 거리의 비가 황금비이다. 피타고라스의 별 속에는 오각형이 있고, 그 꼭지점을 이으면 오각형이 또 생긴다. 한없이 계속되는 오각형 속의 오각형이 황금비가 무리수라는 것을 설명한다.

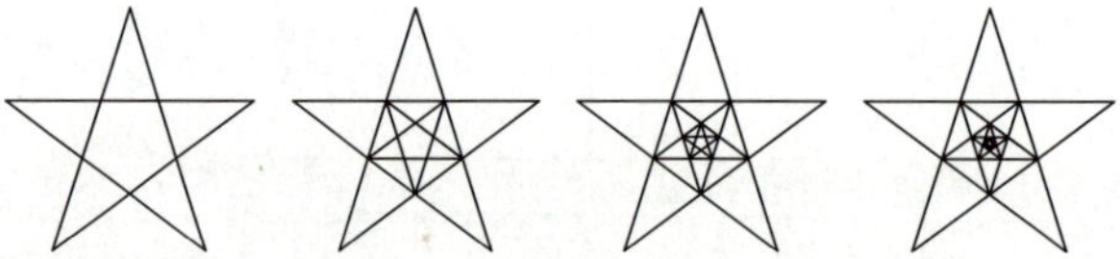

17 그러므로 $g+g^2=g^3$이요, $g^2+g^3=g^4$이다. 어제와 오늘을 더한 것이 내일이 되는 그런 수열에는 황금비가 들어 있다. 황금비는 '내안에 나 있다'는 방정식 $g=1+\frac{1}{g}$을 만족시키므로 $g=1+\cfrac{1}{1+\cfrac{1}{\cdots}}$ 임을 안다.

수의 분류

실수를 이해하는 역사적 과정을 보면, 자연수, 유리수, 무리수, 영, 음수 등을 알게 되고, 이어서

$$\frac{1+\sqrt{5}}{2}, \quad 2+\sqrt[3]{4}$$

처럼 x^2-x-1이나 $x^3-6x^2+12x-12$와 같은 정수 계수 다항식의 근으로 나타나는 대수적 수와

$$\pi, \quad e, \quad 2^{\sqrt{2}}$$

처럼 정수 계수 다항식의 근이 아닌 수, 즉, 초월수로 구별할 수 있게 되었다.[18] 더 나아가서 평면의 점을 설명하는 이차원 수인 복소수, 사차원 시공간의 점을 설명하는 사원수 등을 알게 되었고, 크기가 무한히 작은 수인 무한소, 무한히 큰 수인 초한수 등을 다룰 수 있게 되었다.

하지만 이러한 분류는 이제는 골동품이 되어가고, 최근에 관심을 가지는 수의 분류는 무작위 수(random number)든지 계산가능수 또는 계산불가능수 등이다. 예를 들어 원주율 π는 비록 초월수이기는

18 여기에서 π는 원주율 3.1415926 … 을 뜻하고, $e \approx 2.7182818284 \dots$ 는 자연상수라고 부르는 것으로 n이 점점 커질 때 $\left(1+\frac{1}{n}\right)^n$의 극한값이다.

하지만, 소수점 아래 원하는 자리만큼 정확하게 그 값을 구할 수 있으므로 계산가능수이다. 다항식의 근을 구하는 수치해석적 방법이 있으므로 모든 대수적 수는 계산가능수이다.

계산불가능수가 어떠한 수인지 말하는 것은 쉽지 않다. 그러한 수가 존재한다는 것을 설명하기는 어렵지 않지만, 그 실체를 보여준다는 것은 여간 힘든 일이 아니다.[19] 계산불가능수를 구체적으로 설명하면 이미 그것은 계산가능수가 되어버리니까.

약간의 '속임수'를 쓰면 다음과 같이 계산불가능한 수를 만들 수 있다. 먼저 '커다란 책'을 하나 만든다. 그 책의 각 면에는 계산가능수가 하나씩 쓰여 있다. 그리고 커다란 책은 계산가능수를 모두 나열하고 있다. 당연히 그 책의 쪽수는 무한대이다. 물론 커다란 책은 저자에 따라 다르게 만들어질 수 있다. 예를 들어 그림과 같이 처음 몇 쪽이 시작된다고 한다.

어떤 수를 살펴보고 그것이 0이면 1(예)이라 답하고, 0이 아니면 0(아니오)이라 답하는 것을 '영 테스트'라고 부르기로 하자. 이제 제1쪽에 쓰여 있는 수를 계산하여 소수점아래 제1자릿수에 영 테스트를 실시한다.

19 누구나 자신이 죽는다는 것을 알고 있지만, 어느 날에 죽는지는 모르는 것처럼 '존재함'과 '보여줌'은 다르다.

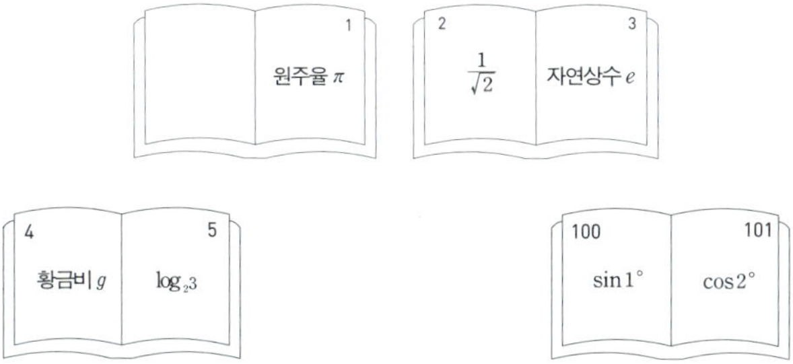

$$\pi = 3.1415926 \cdots$$

이므로 소수점아래 제1자릿수는 1이고, 따라서 '영 테스트'의 결과는 0이다.

다음은 제2쪽에 나와 있는 수를 계산하여 소수점아래 제2자리에 있는 수에 영 테스트를 실시한다.

$$\frac{1}{\sqrt{2}} = 0.707107 \cdots$$

이므로 소수점아래 제2자릿수는 0이고 따라서 영 테스트 결과는 1이다.

다음은 제3쪽에 나와 있는 수를 계산하여 소수점아래 제3자리에 있는 수에 영 테스트를 실시한다.

$$e = 2.7182818284 \cdots$$

이므로 소수점아래 제3자릿수는 0이 아니고 따라서 영 테스트 결과는 0이다.

다음은 제4쪽에 나와 있는 수를 계산하여 소수점아래 제4자리에 있는 수에 영 테스트를 실시한다.

$$g = 1.6180339887 \cdots$$

이므로 소수점아래 제4자릿수는 0이고 따라서 영 테스트 결과는 1이다.

계속하여 제100쪽에 나와 있는 수를 계산하여 소수점아래 제100자리에 있는 수에 영 테스트를 실시한다.

$$\begin{aligned}\sin 1^\circ = 0.0174524064\ & 3728351281 \\ 9418978516\ & 3161924722 \\ 5272030713\ & 9642683612 \\ 4276405973\ & 8420392807 \\ 0042001926\ & 7910213469 \cdots\end{aligned}$$

이므로 소수점아래 제100자릿수는 9이고 따라서 영 테스트 결과는 0이다.

이와 같이 영 테스트를 실시하여 차례로 얻은 결과를 소수점아래로 하는 수 x를 생각한다.

$$x = 0.01010\cdots0\cdots$$

이제 x가 계산가능수인지 생각해 본다. 만약 x가 계산가능수라면 이것은 '커다란 책'의 어느 한 쪽에 나타나야 할 것이다. 그러나 x는 1쪽에 나와 있는 수가 아니다. 그 이유는 x와 π는 소수점아래 제1자리가 다르기 때문이다. 마찬가지로 x는 2쪽에 나와 있는 수가 아니다. 그 이유는 x와 $\frac{1}{\sqrt{2}}$은 소수점아래 제2자리가 다르기 때문이다. 이처럼 x는 '커다란 책'의 어느 쪽에도 나와 있지 않다. '커다란 책'에는 모든 계산가능수가 다 들어 있으므로, x는 계산가능수가 아니다.[20]

앞에서 약간의 '속임수'라고 말한 까닭은 '커다란 책'이 존재한다고 말하여야 할 것을 마치 '커다란 책'을 만들 수 있는 것처럼 말하였기 때문이다

사실 실수의 대부분은 계산불가능수이고, 계산가능수는 극소량에 불과하다.

20 튜링(A. Turing, 1912—1954)의 기계를 설명하고 나면, 임무를 완수하고 정지하는 기계들의 '집합'이 바로 '계산불가능수'라는 것을 보일 수 있다. IBM에 근무하는 체이틴(G. Chaitin)은 기계를 무작위로 추출하였을 때, 그것이 정지할 기계일 확률도 계산불가능수임을 보였다.

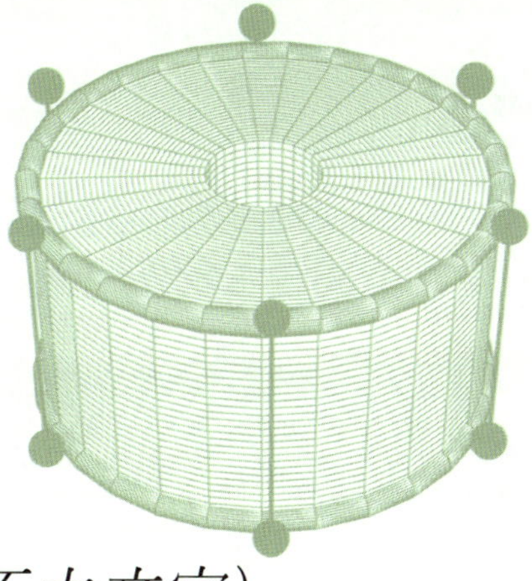

불립문자(不立文字) _
진법

인류의 역사를 살펴보면 수에 이름을 매기는 것은 아주 어려운 일이었다.

하나, 둘, 셋, … ,
열, 스물, 서른, 마흔, 쉰, 예순, 일흔, 여든, 아흔,
온, … , 즈믄, …

지금은 인도-아라비아 숫자를 이용한 수의 이름이 널리 퍼져 있지만, 한국은 말할 것도 없고, 이집트, 그리스, 로마, 잉카, 중국 등에서 고대 사용하던 이름은 모두 원시적인 방법이었다.

一 二 三 … 十 … 百 … 千
Ⅰ Ⅱ Ⅲ … Ⅹ … C … M

하나를 나타내는 기호로는 돌맹이나 막대기를 뜻하는

● ㅡ ㅣ

등이 사용되었는데, 이들 '천지인'은 모두 한글 모음을 이루는 구성 요소로도 사용되고 있다.

수는 너무나 많이 있기 때문에 그 하나마다 고유한 이름을 다 매길 수 없다.

인도와 아라비아에서는 열 개의 기호를 사용하여 수에 이름을 매기는 획기적인 방법을 고안하였다.

0, 1, 2, 3, 4, 5, 6, 7, 8, 9.

이 열 개의 기호 중 가장 주목할 만한 것은 아무것도 없음을 나타내는 기호인 영(0)이다. 사람들은 오랫동안 '없음'을 나타낸다는 것은 생각하지 못하였다. 20세기 초반에 이르러 '없음'으로 '있음'을 다 표현할 수 있다는 생각까지 하게 되었다.

소수점 아래

10진법에서는 1보다 작은 수를 표현할 때 1을 10등분한다.

이때 처음 칸에 속하는 실수는 그 이름이

$$0.0 \cdots$$

이고, 다음 칸에 속하는 실수는 그 이름이

$$0.1 \cdots$$

이며 이와 같이 하여 마지막 칸에 속하는 실수는 그 이름이

$$0.9 \cdots$$

이다. 이제 각 칸을 다시 10등분하여 처음에 속하는 칸에는 0, 다음에 속하는 칸에는 1 등으로 이름하여 마지막 칸에 속하는 실수는 9를 이름에 매긴다.

$$0.00 \cdots, \quad 0.01 \cdots, \quad 0.02 \cdots, \quad 0.03 \cdots, \quad \cdots, \quad 0.99 \cdots .$$

이와 같이 하여 모든 실수에 이름을 부여할 수 있지만, 한 가지 문제는 각 칸의 경계에 있는 실수는 두 개의 이름을 가지고 있다는 것이다. 예를 들어 0과 1 사이의 한가운데 점은 그 이름이 0.4999 … 이고 동시에 0.5000 … 이다.

$$0.4999 \cdots = 0.5000 \cdots .$$

이름을 부여할 때에는 한 가지로 하는 것이 혼란을 줄이므로, 흔히 9

가 계속 반복되는 칸에 속하는 실수는 그 옆칸(0이 계속 반복되는 칸)에 속하는 것으로 취급하여 이름을 붙이며, 반복되는 0은 생략해 버린다. 그러므로 0.5와 같이 줄여 쓸 수 있다. 각 칸의 양 끝점 중 왼쪽점은 그 칸에 속하는 것으로 여기고, 오른쪽점은 다음 칸에 속하는 것으로 여기면 모든 실수의 이름은 한 가지로 부를 수 있다.

한칸

가끔 0.999999… 과 1이 다르다고 생각하는 사람이 있는데, 그 이유는 0.999999… 를 '결과' 로 여기지 않고 '과정' 으로 생각하기 때문이다. '과정' 과 '결과' 는 다른 개념이니 다를 수밖에 없다. 도달하는 과정까지 수로 여긴다면 무한소 등을 포함하는 새로운 수의 체계가 생긴다.

로그함수

인도-아라비아 기수법에서는 '백' 을 나타내기 위하여 백 개의 기호를 사용하지 않는다. 단지 세 개의 기호로 표현한다.

1, 0, 0

열 개의 기호를 사용하여 수를 표현하는 방법을 10진법이라 부른다. 10진법에서는 '백' 을 압축하여 세 개의 기호로 표현하고, '천' 은 압축하여 네 개의 기호로 표현한다.

1, 0, 0, 0.

'천' 은 '백' 보다 열 배나 많지만, 그것을 표현하는 데에는 단지 한 글자(0)를 더 사용한다.

오늘날 인류는 수를 10진법으로 압축하여 표현하는 법을 널리 사용하고 있다.

수 → 숫자

이러한 방법을 로그법(logarithm)이라 부른다.

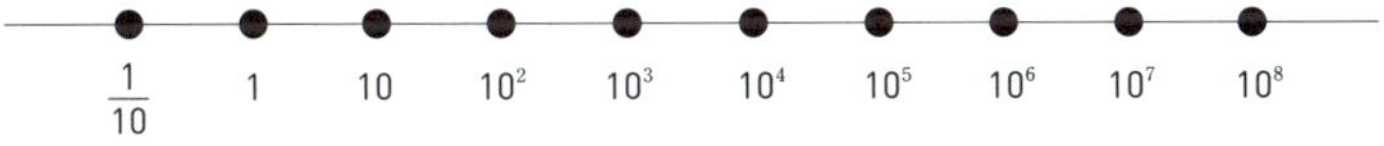

로그함수란 기하적으로 증가하는 양을 산술적으로 증가하는 양으로 바꾸는 연속함수를 뜻한다.

$$x \rightarrow y$$
$$x^2 \rightarrow 2y$$
$$x^3 \rightarrow 3y$$

$$x^4 \rightarrow 4y$$

$$\vdots$$

$$x^n \rightarrow ny$$

로그함수에는 여러 가지가 있다. 만약 $L(x)$가 로그함수이면[21] $2L(x)$도 로그함수요, $3L(x)$도 로그함수이다. 모두 기하적으로 증가하는 양을 산술적 증가로 바꾸니까.

로그함수 $L(x)$에서 기준(또는 밑)이란 $L(b)=1$이 되는 양수 b를 뜻한다. 로그함수는 기준이 무엇인지에 따라 여러 가지로 구별된다. 기준이 2이면 $\log_2 x$로 쓰고, 기준이 10이면 $\log_{10} x$로 쓴다.

예를 들어 $\log_2 3$ 의 값을 구해보자. $2<3<4$ 이므로

$$\log_2 2 < \log_2 3 < \log_2 4$$

인데, $\log_2 2 = 1$, $\log_2 4 = 2$이므로

$$1 < \log_2 3 < 2$$

임을 안다. 한편 $8<9<16$ 이므로

$\log_2 8 < \log_2 9 < \log_2 16$ 이고, 따라서

$3 < 2\log_2 3 < 4$ 를 안다. 즉, $1.5 < \log_2 3 < 2$

이다. 또 $16 < 27 < 32$ 에서

21 즉, 모든 양수 x와 모든 정수 n에 대하여 $L(x^n)=nL(x)$ 인 연속함수이면

$4 < 3\log_2 3 < 5$ 를 얻고 따라서 $\frac{4}{3} < \log_2 3 < \frac{5}{3}$ 를 얻는다. 이와 같이 자연수 m, n에 대하여 $2^n < 3^m < 2^{n+1}$ 일 때 $\frac{n}{m} < \log_2 3 < \frac{n+1}{m}$ 을 얻는다.

로그함수는 곱하기를 더하기로 바꾸는 장치라 말해도 된다.

$$L(xy) = L(x) + L(y)$$

이 식은 자연수 n에 대하여 $y = x^n$ 일 때에는 쉽게 알 수 있고, n이 유리수일 때에도 어렵지 않게 보일 수 있으며, 일반적인 실수 n에 대해서는 연속함수의 극한 성질을 이용하여 보일 수 있다.

곱셈을 덧셈으로 바꾸는 로그함수는 스코틀랜드의 수학자 네이피어(J. Napier, 1550－1617)에 의하여 발견되어, 당시의 계산법을 획기적으로 발전시켰다. 로그는 천문학자나 항해술사들의 수명이 수십 년 늘어나게 하였다는 소문이 있다. 지금부터 몇십 년 전만 하더라도 공학도들은 로그법을 이용한 계산자를 필수적으로 들고 다니곤 하였다.

다음 그림은 2를 기준으로 하는 로그함수의 그래프이다. 왼쪽 것은 평범한 그래프이고, 오른쪽 것은 제일좌표(x)축을 압축하여 표현한 것이다.

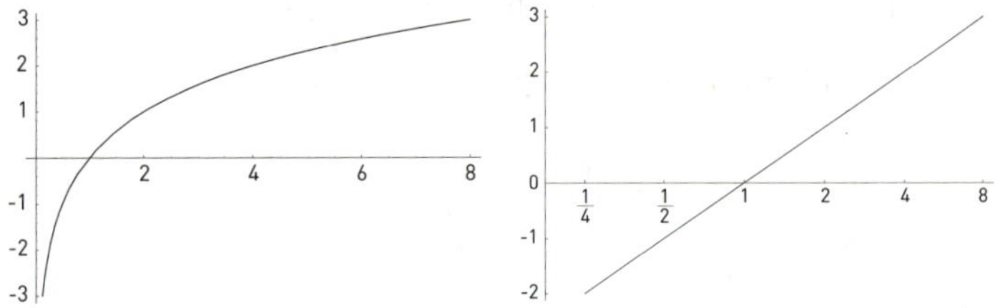

여러 가지 생각을 글로 표현하는 것처럼, 사물을 압축하여 표현하는 기술은 오늘날 디지털 음악을 듣고, 디지털 사진을 찍는 데에도 필수적으로 사용된다.

사물을 압축하여 표현하거나 느끼는 것은 사람이나 동물 등의 감각기관이 하는 중요한 일 중 하나이다.

대낮에 켠 촛불은 밝아 보이지 않지만, 깜깜한 밤에 켠 촛불은 훨씬 밝아 보인다. 촛불이 하나 켜져 있는 방에서 촛불 하나를 더 켰을 때 느끼는 정도는 촛불 둘이 켜져 있을 때 촛불 하나를 더 켠 것보다 더 강하게 느낀다. 우리의 시각이 느끼는 정도는 비례하여 변하는 선형적이 아니라 비선형적인 로그법을 따르고 있다. 별의 등급을 잴 때에도 1등급 별은 2등급 별보다

$$\sqrt[5]{100} \approx 2.51$$

배가 밝으며, 2등급 별은 3등급 별보다 $\sqrt[5]{100}$배가 밝다. 이와 같이 하여 5등급 별은 6등급 별보다 $\sqrt[5]{100}$배 밝은 별이다. 이렇게 등급을

매기는 이유는 1등급 별이 6등급 별보다 100배 밝도록 등급을 정하였기 때문이다.

코나 혀가 느끼는 맛의 정도도 비선형적이다. 소금물에 소금 한 숫갈 넣은 것과, 맹물에 소금 한 숫갈 넣은 것은 많은 차이가 난다.

시끄러운 곳에서는 바늘 떨어지는 소리가 들리지 않지만, 쥐 죽은 듯 조용한 곳에서는 바늘 소리가 들리는 것은 우리의 청각 기관도 선형적으로 느끼는 것이 아니라는 것을 말한다.

지진의 강도를 측정할 때에도 같은 방법을 사용하며, 오스트리아의 볼츠만(L. Boltzmann, 1844-1906)의 엔트로피도 로그함수로 표현된다. 시간이 지날수록 엔트로피가 증가한다는 말은 시간이 지날수록 여러 가지 경우가 생길 수 있다는 뜻이다. 엔트로피란 '경우의 수'에 로그를 취한 값이다.

로그함수는 '놀라운 정도'를 표현하는 방법이라 말할 수도 있다. 이러한 생각은 오늘날 정보량을 측정할 때에도 사용된다. 아침에 만난 옆집 아저씨가 "출근하는 길입니다"라고 말하는 것은 별로 놀라운 일이 아니다. 그분은 항상 부지런하고 오늘도 평일이니 제 시간에 출근하는 것이 크게 새로운 정보가 아니다. 하지만 "윗집 여자하고 결혼할 것입니다"라고 말한다면 대단한 정보이다. 유명한 벨 실험실에 있던 섀넌(C. Shannon, 1916-2001)은 1948년에 '통신의 수학적 이론'이라는 논문을 발표하였는데, 오늘날 우리가 많이 사용하는 비트(bit)라는 개념을 정립하고 정보량을 재는 방법을 설명하여, 20세기 통신혁명을 이룩하는 데 커다란 공헌을 하였다. 어떤 사건 P에 대한 정보량을

$$I(P)$$

라고 두었을 때, 새로운 사건[22] Q를 추가로 만났을 때 총 정보량은 각 정보량의 합과 같아야 한다는 것이 섀넌의 생각이었다. 즉,

$$I(PQ) = I(P)+I(Q)$$

이라는 뜻이고, 이것이 바로 로그함수만이 가지는 고유의 성질이다. 예를 들어 1부터 6까지 눈이 있는 보통 주사위를 내가 던졌을 때 짝수가 나온 사건을 P라고 하자. 이 사건은 짝수와 홀수 두 가지 중 한 가지이고, 각각의 경우는 고르게 나타나므로, 사건 P를 알았을 때 얻은 정보량은

$$I(P) = \log_2(2) = 1$$

이다. 이제 옆집 아주머니가 윷가락 네짝을 던져 도가 나온 사건을 Q라 하자. 이 윷가락에서는 윷과 모가 나올 확률이 같다고 가정하자. 그러면 전체 열여섯 가지 경우 중 도가 나오는 경우가 네 가지이

22 P와 상관없는 사건, 즉, 독립사건을 뜻한다.

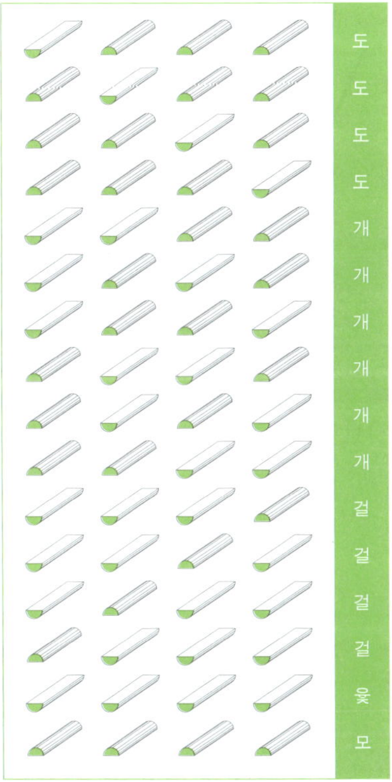

므로 사건 Q는 평균적으로 네 번 중에 한 번꼴로 나타난다. 그러므로 사건 Q를 알았을 때의 정보량은

$$I(Q) = \log_2(16/4) = 2$$

이다.

한편 내가 주사위를 던져 짝수 눈이 나온 사건 P와 나와 아무 상관이 없는 옆집 아주머니가 윷가락을 던져 나온 사건 Q를 같이 알게

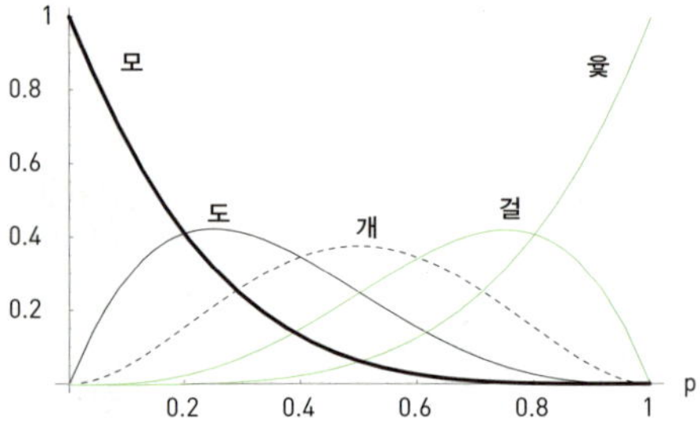

윷가락 하나가 뒤집어질 확률 P에 따라 '도개걸윷모' 가 나올 확률

되었을 때 얻은 정보량은

$$I(P)+I(Q)= 1+2 = 3$$

이다.

두 음정의 차이가 '한 옥타브' 라는 것은 진동수의 차이가 일정량이라는 것이 아니라 '진동수가 두 배' 라는 뜻이다. 이러한 이유 때문에 그랜드 피아노의 모양이 직선형이 아니고 지수 곡선(또는 로그 곡선)처럼 휘어져 있다.

매초 264회 진동하는 현이 내는 음을 '기준 도' 라 한다면, 두 배로 빨리 진동하는 현이 내는 음은 '한 옥타브 높은 도' 이고, 두 배로 느리게 진동하는 현이 내는 음은 '한 옥타브 낮은 도' 이다. 그러므로 '낮은 도' 와 '높은 도' 의 진동수 비는 1 : 4이다.

고대 그리스의 피타고라스는 '우주의 조화' 를 가장 중요하게 여

졌는데, 우주가 내는 음을 '화음' 이라 하였다. 피타고라스는 짝수의 기본인 2와 홀수의 기본인 3을 기준으로 하여

도 레 미 파 솔 라 시

를 만들었다. '도' 와 '솔' 처럼 '5도 음정' 이란 진동수의 비가

2 : 3

임을 뜻한다. 그러므로 '솔' 과 '높은 도' 사이(즉, 4도 음정)의 진동수 비는

3 : 4

이다. 갑돌이가 1초에 두 번 박수칠 동안, 을순이가 1초에 세 번 박수친다면 두 사람이 내는 화음이 바로 으뜸 화음인 '5도 화음' 이다. 병철이가 1초에 네 번 박수친다면, 을순이와 병철이가 내는 화음이 버금화음인 '4도 화음' 이다.

'도레미파솔' 이 '5도 음정' 인[23] 것처럼 '솔라시도레' 도 '5도 음정' 이다. 다시 말하면, '솔' 과 '레' 의 진동수 비가 2 : 3이다. '솔' 의 진동수가 6이라면 '레' 의 진동수는 9라는 뜻이다. 마찬가지로 '레미

23 '도레미파솔' 을 '4도 음정' 이라고 부르는 것이 바르지만 역사를 돌리기는 좀 늦은 것 같다. 한 '옥타브' 도 '8도 음정' 이 아니라 '7도 음정' 이다.

음정과 진동수의 비

파솔라' 도 '5도 음정' 이므로 '레' 의 진동수가 18이라면 '라' 의 진동수는 27이다.

계속해서 '라시도레미' 도 '5도 음정' 이므로 '라' 의 진동수가 54이면 '미' 의 진동수는 81이다.

피타고라스 학파는 이와 같이 계속하여 도레미파솔라시를 모두 정하였고, 이것은 결국 2와 3의 조화인

$$\log_2 3$$

으로 화음을 설명한 것이다. 이들 학파의 이론에서는 '도' 와 '레' 처럼 '온음정' 은 진동수 비가 8 : 9이고, '미' 와 '파' 처럼 '반음정' 은 진동수 비가 243 : 256이다.

중세에 와서 유명한 갈릴레오의 아버지인 빈센초 갈릴레이(Vincenzo Galilei, 1520－1591)는 다섯 가지 반음을 더 도입하여 기존의 7음계를 12음계로 발전시켰다. 이 다섯 가지 반음은 피아노에 검은 색으로 나타나는 건반이다.

하지만 이러한 자연수에 바탕을 둔 화음이론은 조바꿈을 하는 것이 쉽지 않고, 결국 $\sqrt{2}$ 를 이용한 '평균율' 의 보급이 '음악의 아버

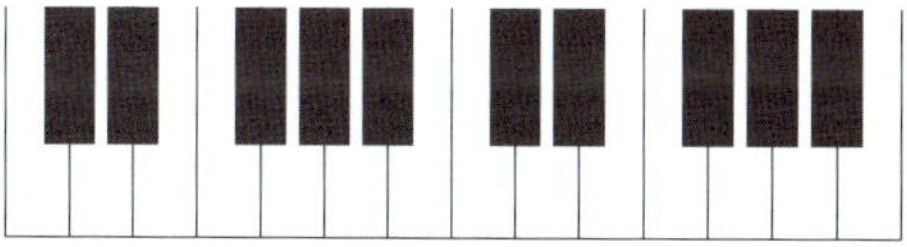

지' 라 불리는 독일의 바흐(J. S. Bach, 1685-1750)에 의하여 크게 이루어졌다. 평균율이란 12계단을 일정한 비율로 올라가면 한 옥타브 높은 음, 즉 진동수가 2배인 음을 만나도록 정한 약속이다. 그러므로 여섯 계단을 올라가면 진동수가 $\sqrt{2}$배가 되고, 다시 여섯 계단을 올라가면 또다시 진동수가 $\sqrt{2}$배가 되어 원하는 한 옥타브 높은 음을 만나게 된다.

2진법

수는 형상이 없다. 그러나 그것을 표현하는 데에는 10진법 이외에도 여러 가지 방법이 있다.

'한글' 처럼 스물네 가지 기호를 사용하면 24진법이요,[24] 로마자처럼 스물여섯 자를 사용하면 26진법이라 할 수 있다.

고대 바빌론에서 사용하던 60진법, 또는 동양의 60갑자 등은 오

24 실제로 한국어는 한글자모의 조합으로 이루어진 '한글' 과 마침표(온점(.), 물음표(?), 느낌표(!)), 쉼표(반점(,), 가운뎃점(·), 쌍점(:), 빗금(/)), 따옴표(큰따옴표(" "), 작은따옴표(' ')), 묶음표(소괄호(( )), 중괄호({ }), 대괄호([ ])), 이음표(줄표(—), 붙임표(-), 물결표(~)), 드러냄표(· , 밑줄(_)), 안드러냄표(숨김표(X, O), 빠짐표(□), 줄임표(……)) 등의 '문장부호' 와 띄어쓰기를 위한 '빈칸' 으로 구성되어 있고, 종종 인도-아라비아 숫자와 로마 숫자 및 특수 기호등을 사용한다

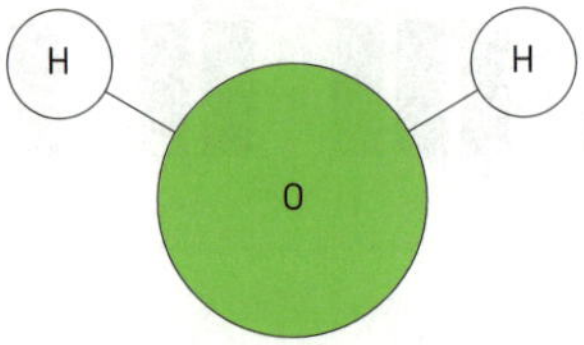

늘날에도 시간이나 각도, 방향을 나타낼 때 사용된다.

고대 문명 이후 현대에 이르기까지 많은 학자들은 물질의 기본 구성 요소에 관심을 가져왔다. 19세기 말에 이르러 물질은 원자(atom)로 이루어져 있다는 생각이 크게 발전하였다. 잘 알려진 보기가 수소 원자 두 개와 산소 원자 하나로 이루어진 물이다: H_2O

현재 알려진 원자의 종류에는

수소(H), 헬륨(He), 리튬(Li), 베릴륨(Be),
붕소(B), 탄소(C), 질소(N), 산소(O), …

등 100여 가지가 있다. 사물을 원자의 결합으로 보는 입장에 의하면 물질은 100여진법으로 표현된다.

여러 진법 중 가장 으뜸으로 치는 것은 두 가지 기호를 사용하는 2진법이다. 이 두 가지 기호는 보통 1과 0으로 표현하지만, '있음과 없음' 으로 표현해도 되고, '옳고 그름' 으로 표현해도 되며, '전깃불이 들어오고 나감' 으로 표현해도 된다. 후자의 표현은 1930년대에 전기를 이용한 통신 혁명을 가져왔으며, 현대적인 컴퓨터의 두뇌를

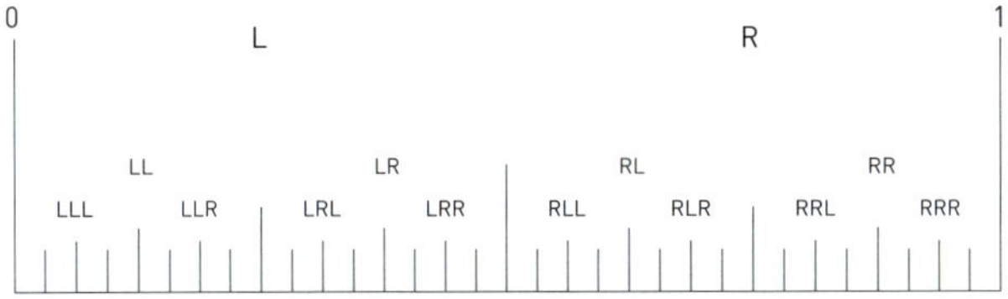

2진법과 소수점 아래

작동하게 한다.

다섯 개의 손가락을 2진법에 활용하면 0부터 31까지 서른두 가지 수를 표현할 수 있으므로 오늘이 며칠인지 나타낼 수 있다. 열 개 손가락을 사용하면 0부터 1023까지 표현할 수 있다.

고대 중국에서는 음(- -)과 양(—)을 이용한 2진법을 사용하기도 하였다. 짝수는 음이요, 홀수는 양이다. 이 기호는 19세기에 무선 통신이 처음 사용되기 시작하면서 모르스 부호로 이용되기도 하였다. 음과 양 두 개를 이용하면 네 가지 상이 나오고,

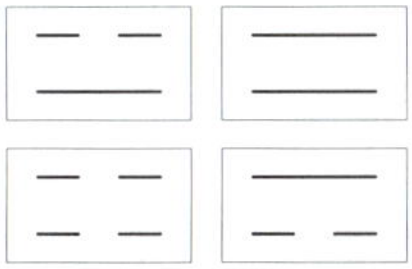

음과 양 세 개를 이용하면 8괘가 나오는데, 이중 네 가지가 태극기에 그려져 있다.

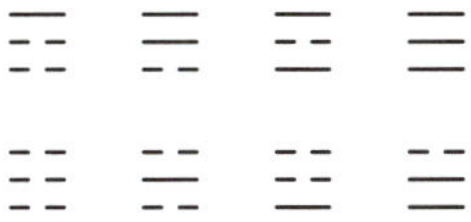

음과 양 여섯 개를 이용하면 64괘가 나온다.

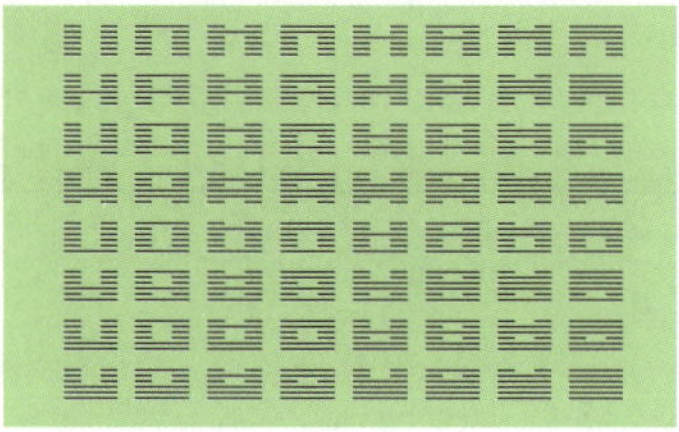

DNA는 두 가닥의 나선이 꼬여 있는 모양으로 되어 있다. 각 나선은 기본적으로 A, T, G, C 네 가지 핵산의 서열로 이루어져 있다. 두 나선은 지퍼의 양쪽처럼 서로 얽혀 있는데, A는 T와 물려 있고, G는 C와 물려 있다.

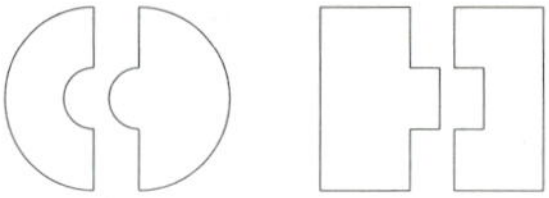

이와 같은 모양은 자신을 복제하는 데 아주 편리하다.

ATG나 TGC처럼 핵산들의 삼중쌍을 코돈(codon)이라 부르는데, 이들이 모두

$$4 \times 4 \times 4 = 64$$

가지가 있다. 첫자리에 올 수 있는 것이 네 가지(A, T, G, C), 가운데 자리에 올 수 있는 것이 네 가지, 마지막 자리에 올 수 있는 것이 역

시 네 가지니까. 이 코돈들은 스무 가지 아미노산을 만드는 명령을 담은 '프로그램'과 '작업종료'를 지시하는 명령이다.

알집기

알집기는 중국에서 오랫동안 전해온 놀이로 갑과 을 두 사람이 하는 게임인데, 갑이 바둑알을 한 주먹 쥐어 판에 올려놓으면, 을이 한 주먹 쥐어 판의 다른 위치에 올려놓고, 다시 갑이 한 주먹 쥐어 판의 또 다른 위치에 올려놓은 다음에 경기가 진행된다. 바둑알의 색깔은 아무런 역할을 하지 않는다. 갑과 을이 돌아가며 알을 집어 오는데, 각각 자기 차례에 세 뭉치 중 오직 한 뭉치를 골라 원하는 만큼 알을 가져간다. 알을 가져가지 않거나 가져갈 알이 없는 사람이 이 놀이에서 진다. 알집기에서 두 뭉치만 남아 있는 경우는 이기는 법을 쉽게 알 수 있다.

바둑알이 없는 경우에는, 동전을 세 군데 쌓아 알집기를 할 수 있다. 또는 눈금 있는 판에 동전 세 개를 가지고도 할 수 있다.

필자는 어릴 때 아버지에게서 알집기를 배웠는데, 처음에는 아버

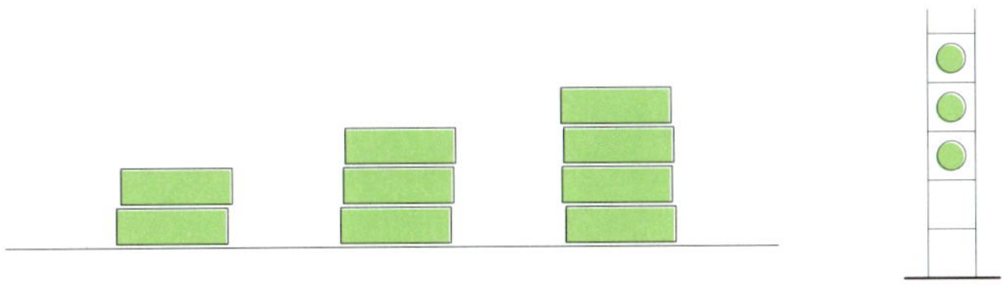

지를 이기기가 쉽지 않았지만, 몇 가지 전략을 알게 되고, 아버지가 사용하시던 전략을 깰 수 있는 전략을 알게 되었고, 몇 년이 지나서는 완벽한 작전표를 가지게 되었다.

알집기 승리수

1 2 3	1 4 5	1 6 7	1 8 9	…
2 4 6	2 5 7	2 8 10	2 9 11	…
3 4 7	3 5 6	3 8 11	3 9 10	…

대학을 졸업하고 나서야 필자는 2진법을 이용하면 알집기의 승리수를 바로 얻는다는 것을 알게 되었다. 1901년에 하버드 대학 수학과의 부통(C. Bouton) 교수는 알집기를 님(Nim)이라는 이름으로 소개하고 2진법을 이용한 완벽한 풀이를 공개하였다. 그 풀이는 다음과 같다. 먼저 각각의 묶음을 1, 2, 4, 8 등 2의 거듭제곱의 합으로 생각한다. 승리수는 이러한 2의 거듭제곱 각각이 쌍으로 나타나도록 만들면 된다.

예를 들어 각 묶음의 수가 3, 4, 5라고 하자. 그러면

$$3 = 2 + 1$$

$$4 = 4$$

$$5 = 4 + 1$$

이다. 이제 위 등식의 오른쪽을 보면 1이 쌍으로 나타나고, 4도 쌍으로 나타나지만, 2는 하나뿐이다. 그러므로 승리수는 홀로 있는 2를 제거하는 것이다. 즉, 처음 묶음의 3을 1로 만들면 된다.[25] 마찬가지로 묶음의 수가 4, 5, 6인 경우에는

$$4 = 4$$
$$5 = 4 + 1$$
$$6 = 4 + 2$$

이므로, 오른쪽 항에 1, 2, 4가 모두 홀수 개 등장한다. 이때에는 처음 묶음 4를 3(즉, 2+1)으로 만들거나, 또는 두 번째 묶음의 5를 2로 만들거나, 또는 마지막 묶음의 6을 1로 만드는 것이 승리수이다.

이러한 원리를 아는 사람과 모르는 사람이 경기를 하면 승리는 누구의 것인지 뻔하다. 알집기는 세 묶음일 때뿐 아니라 그 이상의 경우에도 적용된다.

25 3, 4, 5를 2진법으로 쓰면, 11, 100, 101 인데, 이때 2^0 자리는 11 과 101에 나타나고, 2^1 자리는 11에만 있으며, 2^2 자리는 100과 101 두 군데에 나타난다.

퀴즈 4

게임을 할 때 이기는 경우와 지는 경우를 서로 바꾸어서 규칙을 정하면 새로운 게임이 된다. 이 게임을 원래 게임의 **거꾸로 게임**(misère)이라고 부르기로 하자. 예를 들어 '거꾸로 알집기'에서는 마지막 한 알을 남겨둔 사람이 이기는 자이다. 다음과 같이 알이 놓여 있는 거꾸로 알집기 판에서는 어떻게 두는 것이 승리수일까? (해답은 209쪽)

11진법

그래프란 점들과 연결선들로 이루어져 있다. 점 들은 사람이나 마을 또는 원자를 나타내기도 하고, 연결선은 관계나 도로 등을 나타내기도 한다. 아래 그림은 꼭지점이 네 개인 그래프들을 그린 것이다.

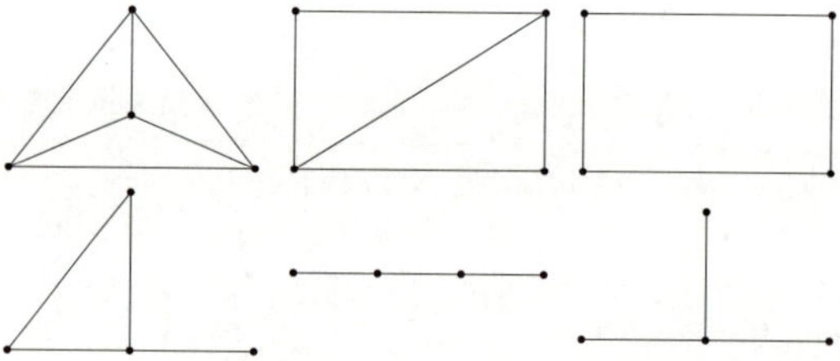

이러한 그래프는 꼭지점에 ①, ②, ③, ④ 등과 같이 이름을 부여한

다음, 꼭지점 사이의 연결선 수를 나타내는 표로 나타낼 수 있다. 예를 들어 다음과 같이 일곱 개의 다리가 있는 마을의 그래프를 살펴보자.

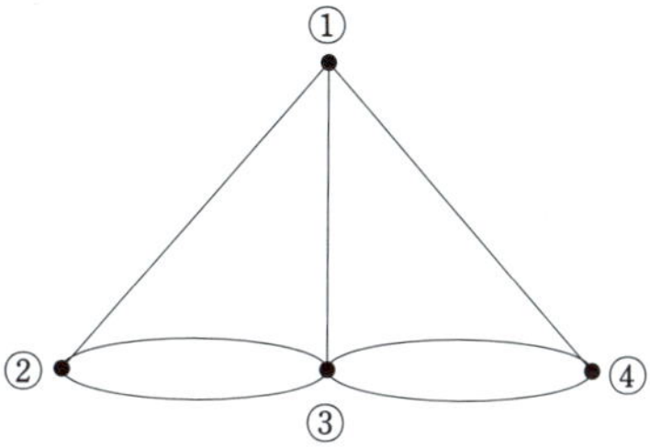

이 그래프를 표[26]로 나타내면 다음과 같다.

	①	②	③	④
①	0	1	1	1
②	1	0	2	0
③	1	2	0	2
④	1	0	2	0

이 표의 첫 행은 각 꼭지점마다 ①번 꼭지점과 연결되어 있는 도로의 개수를 나타내고, 두 번째 행은 각 꼭지점마다 ②번 꼭지점과

26 전문용어로는 행렬(行列, matrix)이라고 부른다. '행'은 가로로 정렬된 것을 뜻하고, '렬'은 세로로 정렬된 것을 뜻한다.

연결되어 있는 도로의 개수를 나타내고, 마지막 행은 각 꼭지점마다 ④번 꼭지점과 연결되어 있는 도로의 개수를 나타낸다.

이러한 표는 더욱 간단히 쓰면

0,1,1,1, 1,0,2,0, 1,2,0,2, 1,0,2,0

으로 쓸 수 있다.

이와 같이 11개의 기호(, 1 2 3 4 5 6 7 8 9 0)로 쓰여진 것은 11진법으로 표현된 자연수 하나로 이해할 수 있다.

그러므로 위 수열을 11진법으로 표현된 자연수 하나로 이해할 수 있고, 이를 10진법으로 나타내면

174639434380498850002556745055274

이다.

물 분자(H_2O)는 꼭지점(H, O, H)의 연결 상태를 이해하면 다음과 같은 표로 나타낼 수 있다.

	H	O	H
H	0	1	0
O	1	0	1
H	0	1	0

수소(H)의 원자번호는 1, 산소(O)의 원자번호는 8이므로 위 표를

1,8,1,, 0,1,0, 1,0,1, 0,1,0

으로 나타낼 수 있고 이를 11진법으로 이해하면 자연수

954673861808211903606084

로 볼 수 있다.

세상의 많은 것은 자연수 하나로 표현된다. 조선왕조실록도 하나의 자연수로 표현할 수 있고, 바흐의 음악이나 열두 줄 가야금 소리도 자연수로 표현할 수 있다. 그것이 바로 디지털 파일들이다.

수열

수가 차례로 있는 것을 수열이라 하고, ㄱ, ㄴ, ㄷ 등 한글자모가 일정한 차례로 있는 것을 한글이라 하며, A, G, T, C 등의 염기가 차례로 있는 것을 염기 서열이라 하지만, 수열이라는 용어의 넓은 뜻은 '차례로 있는 것' 을 뜻한다. '차례로 있다' 는 말은 앞뒤 순서가 있다는 것이고, 모든 순서는 자연수가 지배하기 때문이다. 휴대전화기를 이용하여 친구에게 문자를 보내는 것도 수열을 보내는 것이라 할 수 있다.

스펙트럼

기체를 태워서 그 빛을 프리즘을 통해 분리해 보면 다양한 진동수의 빛들을 발견할 수 있는데, 이들을 스펙트럼이라 부른다. 물질은 각자 고유한 스펙트럼을 가지고 있다.

수소의 스펙트럼은 가시광선 내에서는

$$R\left(\frac{1}{2^2}-\frac{1}{m^2}\right) \qquad (m=3,\ 4,\ 5,\cdots)$$

로 주어진다는 것이 1885년 스위스의 한 수학교사인 발머(J.Balmer)에 의하여 밝혀졌다. 여기에서 R은 리드베리 상수라고 부른 것으로 3.29163×10^{15} Hz이다.[27] 가시광선 밖의 영역을 포함한 수소의 스펙트럼은

$$R\left(\frac{1}{n^2}-\frac{1}{m^2}\right) \qquad (n=1,2,3,\cdots,\quad m=n+1,\ n+2,\ n+3,\cdots)$$

로 주어진다.

27 헤르츠(Hz)란 1초 동안 진동하는 수를 뜻한다.

북모양이 들립니까?

북을 두드리면 북을 만든 재료, 북의 크기나 모양 등에 따라 조금씩 다른 소리가 들린다. 각각의 북이 내는 소리는 수열로 분석할 수 있다. 학자들은 북의 소리를 듣고 북모양을 판정하는 법을 많이 연구하고 있다.

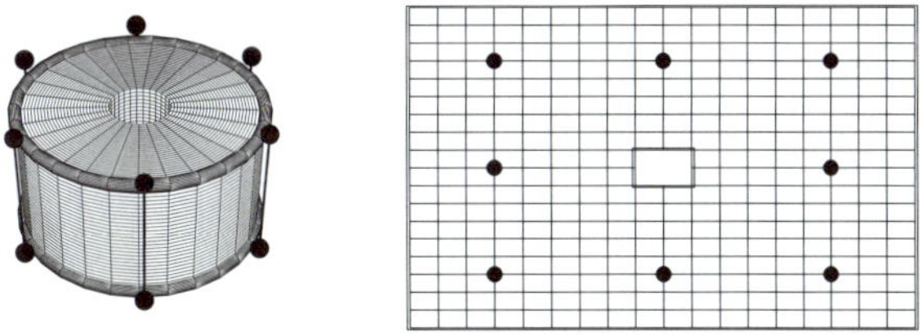

구멍난 북과 구멍난 바둑판

보통의 북들은 속에 구멍이 없지만, 구멍이 있는 북들은 제각기 고유한 소리를 만들어낸다. 일반인이 한 번도 들어본 적이 없는 소리들이다.

소리를 듣고 모양을 알아내는 연구는 의사들이 청진기를 가지고 심장 뛰는 소리나 폐에서 나는 소리 등을 듣고 몸에 이상이 있는지 없는지 알아내는 것과 비슷하다. 몸 속에 암세포가 자라는지를 판정하는 것도 직접 몸을 해부하여 판정하지 않고, 초음파 검사나 X-선 촬영 등을 통해 하는 것과 마찬가지이다. 농협 창고에 식량이 가득한지, 땅속에 굴이 있는지, 수맥이 있는지, 유전이 있는지 등을 조사하는 방법도 다 같은 원리이다. 수열을 이해하면 많은 것을 알 수 있다.

자연수열과 실수

일제시대 민족 수난사를 다룬 박경리(1927–)의 『토지』는 원고지 26만여 장에 쓰인 방대한 소설이다. 한글을 닿소리 열네 자와 홑소리 세 자(· ㅡ ㅣ), 그리고 몇 가지 기호(쉼표, 마침표, 느낌표, 따옴표, 숫자 등) 및 띄어쓰기용 빈자( )의 조합으로 이해하면 『토지』라는 방대한 책도 n진법으로 쓰여진 하나의 자연수이다.

우리나라에서 발간된 한글 소설 각각은 자연수로 볼 수 있다. 그러므로 지금까지 발간된 것과 앞으로 발간될 것을 포함한 한글 소설 모두를 모은 방대한 책은 자연수들의 집합이라 볼 수 있다.

자연수들의 집합은 실수 하나로 나타낼 수 있다. 예를 들어 짝수 전체의 집합을 생각해 보자.

$$\{2,\ 4,\ 6,\ \cdots\}.$$

이 집합은 "1 없고, 2 있고, 3 없고, 4 있고, 5 없고, 6 있고, . . . "으로 말할 수 있고, 다시 이것을 '없음'은 0으로 '있음'은 1로 표시하여

$$0.010101\cdots$$

로 나타낼 수 있다. 마찬가지로 홀수 전체 집합은 "1 있고, 2 없고, 3 있고, 4 없고, …"이므로 실수

0.1010 …

로 나타낼 수 있다. 이처럼 한글 소설 전체를 모은 방대한 책은 실수 하나로 볼 수 있다.

퀴즈 5

위의 방법으로 자연수 전체 집합을 실수 하나로 나타내면 어떠한 수가 되는가?(해답은 209쪽)

돌고 도는 세상_

원주율

무리수 가운데 대표적인 것 중 하나가 '원의 지름과 그 둘레의 비'이다. 이를 원주율이라고 부르며 고인돌 모양을 한 그리스 문자를 따서 간단히 π라고 쓴다. 그리스인들은 π를 '피'라고 발음하지만 우리는 주로 '파이'라고 말한다. π는 그리스어로 둘레를 뜻하는 단어의 첫

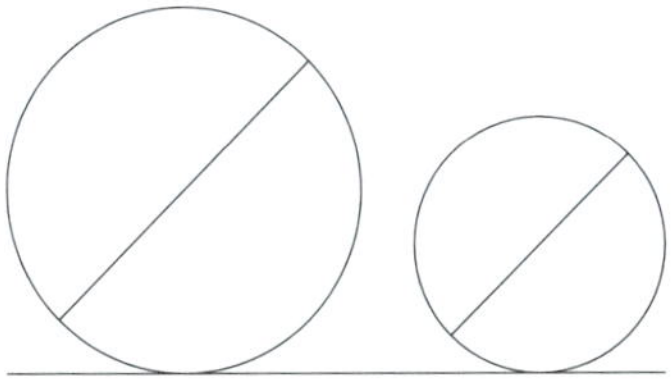

28 큰 원이든 작은 원이든 상관없이 지름과 둘레의 비가 일정하다는 것은 유클리드 공간에서의 이야기이다. 공간이 휘어져 있을 때에는 원주율의 개념이 달라진다. 공간의 휜 정도는 곡률로 측정하는데, 곡률이 양(+)인 공간에서는 원 둘레가 유클리드 공간에서보다 짧으며, 곡률이 음(−)인 공간에서는 원 둘레가 유클리드 공간에서보다 길다.

자이다.

원주율은 큰 원에서나 작은 원에서나 모두 일정하며[28] 그 근사값으로 3.14를 주로 사용한다.

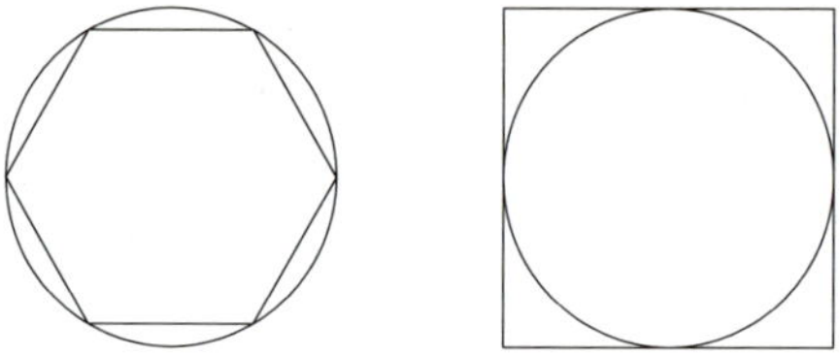

위 그림에서 왼쪽은 원주율이 3보다 크다는 것을 보여주고 오른쪽은 원주율이 4보다 작다는 것을 보여준다.

$$3 < \pi < 4$$

아르키메데스는 원에 내접하는 6각형에서 출발하여 12각형, 24각형, 48각형, 그리고 96각형을 구하여 원주율이 3.14084보다 크다는 것을 밝혔다. 마찬가지로 원에 외접하는 96각형을 구하여 원주율이 3.14286보다 작다는 것을 밝혔다.

n	지름 1인 원에 내접하는 정n각형의 둘레	지름 1인 원에 외접하는 정n각형의 둘레
3	2.59808	5.19615
4	2.82843	4
5	2.93893	3.63271

6	3	3.46410
12	3.10583	3.21539
24	3.13263	3.15966
48	3.13935	3.14609
96	3.14103	3.14271

최근에는 미적분학 덕분에 원주율을 구하는 다양한 방법이 개발되어 있다. 미적분학은 영어로는 캘큘러스(calculus)라고 부르는데, 그것은 '계산학'이라는 뜻이다. 그 어원은 라틴어에서 파생되었으며 셈을 하는 '돌맹이'를 말한다.

자동차 타이어나 해수욕하며 즐기는 튜브 또는 원기둥 모양의 통조림통을 한 바퀴 굴려서 굴러간 길이를 재어 지름과 비교하면 원주율을 측정할 수 있다. 자동차의 속력이나 주행거리 등을 알려주는 계기는 모두 원주율을 사용한다.

원주율은 주기적인 현상을 다루는 데에는 반드시 나타나는 신비한 수이다. 음악, 소리, 빛, 전자기파 등 모든 파동에는 원주율이 들어 있다.

1900년경에 미국의 알래스카주에서는 법으로 원주율을 3이라고 정한 적도 있다. 둥근 땅의 넓이를 재고, 세금을 매기고, 작물의 수확량을 재기 위해서는 원주율을 알아야 한다.

1986년 미국의 우주왕복선 챌린저호가 발사 직후 폭발하여 귀중한 인명과 함께 큰 손실을 주었다. 이 폭발 원인을 캐기 위하여 유명한 물리학자 파인만(R. Feynman, 1918−1988)을 포함한 조사단이 구성되고 고무로 만든 고리가 원인이라는 백악관 보고서가 나왔지만 수년 후 나사(NASA)의 원로 기술자들은 폭발 원인이 원주율을 잘못 셈한 것인지 살펴보았다. 둥근 통에 들어 있는 연료의 양을 측정하는 데에도 원주율이 쓰인다.

한 변의 길이가 1인 정육면체에 내접하는 공의 허리 둘레가 π이다. 이 정육면체에서 면의 대각선은 길이가 $\sqrt{2}$이고, 정육면체의 대각선, 즉 마주 보는 꼭지점 사이의 거리는 $\sqrt{3}$이다. 이 두 가지 대각선의 길이의 합이 바로 원주율이라고 착각하는 사람도 있다.

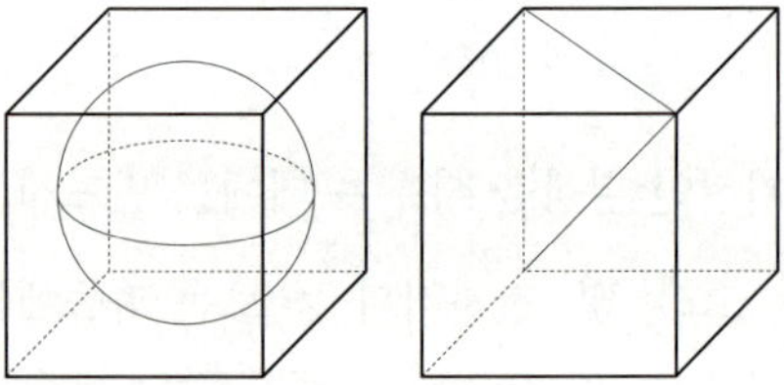

$\pi = 3.14159 \cdots \qquad \sqrt{2} + \sqrt{3} = 3.14626 \cdots$

막대던지기

실험을 좋아하는 이들은 막대기나 젓가락을 던져서 원주율을 구할 수도 있다. 금이 일정한 간격으로 고르게 쳐져 있는 넓은 바닥에 젓가락을 던진다. 편의상 젓가락의 길이가 금이 그어진 폭의 반이라고 가정하자. 젓가락을 여러 번 던져 그 중에 젓가락이 금을 얼마나 밟는지를 구한다. 이때 젓가락을 던진 횟수와 금을 밟은 횟수의 비가 바로 원주율에 가까운 값이고, 시행을 많이 하면 할수록 더욱 정확해진다.

그 이유는 대략 다음과 같다. 젓가락을 1200번 던지면 막대는 평균적으로 한시 방향으로 백 번, 두시 방향으로 백 번 등, 각 시 방향 근방에 백 번씩 놓일 것이다. 바닥의 금이 편의상 세시-아홉시 방향으로 그어져 있다고 하자. 젓가락의 길이를 1이라 하면 금이 그어진 폭은 2이다. 열두시 방향의 젓가락이 금을 밟을 확률은 금의 폭에 대한 젓가락 길이의 비이므로, 백 가지 경우의 반인 오십 번 정도이다.

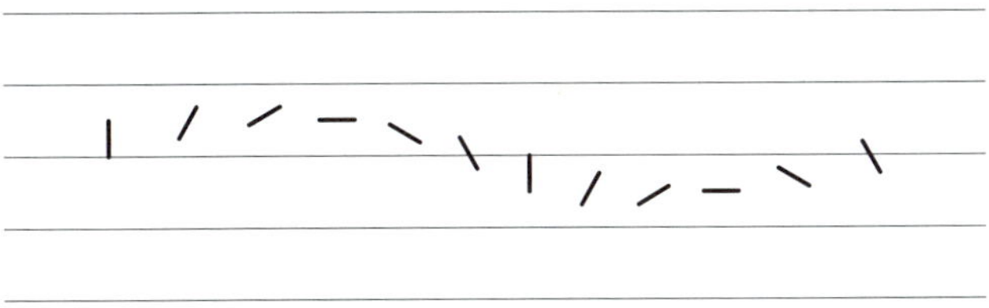

이것은 여섯시 방향의 젓가락도 마찬가지이다.

젓가락이 세시 방향 또는 아홉시 방향으로 놓인 경우에는 금을 밟는 경우가 거의 없다. (젓가락이 아주 가늘다고 가정하자.)

한편 젓가락의 길이를 기준(즉, 1)으로 하였으므로, 한시 방향의 젓가락 높이는 $\sin(60°) = \frac{\sqrt{3}}{2}$이다.

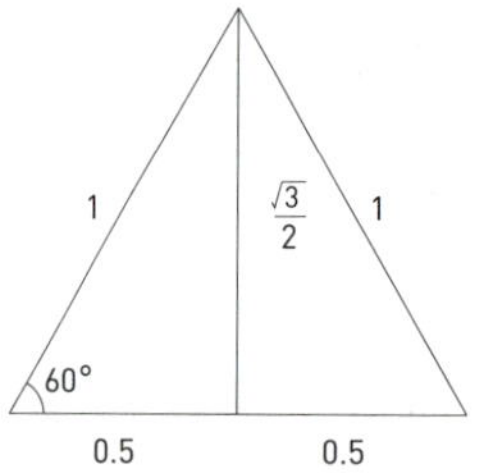

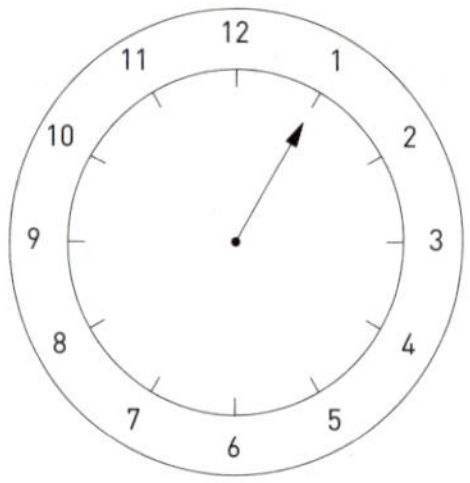

그러므로 한시 방향의 젓가락이 금을 밟을 확률은 금의 폭에 대한 젓가락 높이의 비인 $\frac{\sin(60°)}{2} = \frac{\sqrt{3}}{4}$이고 따라서 한시 방향의 젓가락이 금을 밟는 횟수는

$$100 \times \frac{\sqrt{3}}{4} \simeq 43\text{번}$$

정도이다. 다섯시, 일곱시, 열한시의 경우도 이와 마찬가지이다.

한편 두시 방향의 젓가락이 금을 밟는 경우는 전체 경우의 $\frac{\sin(30°)}{2} = \frac{1}{4}$인 25번 정도이다. 네시, 여덟시, 열시 방향의 경우도 마찬가지이다.

따라서 1200번 젓가락을 던졌을 때, 금을 밟는 정도는 대략

$$2 \times 50 + 4 \times (43 + 25) = 372$$

정도이고, 이로부터

$$\frac{1200}{372} \approx 3.2$$

를 얻는데, 이 값은 만족스럽지는 않지만 제법 원주율에 가깝다는 것을 알 수 있다. 젓가락이 놓이는 경우를 열두 가지 방향으로 분석하는 대신 360가지 방향 또는 그 이상으로 분석하면 훨씬 더 원주율에 가까운 값을 얻는다.

$$\frac{1}{\frac{|\sin 1°|}{2 \times 360} + \frac{|\sin 2°|}{2 \times 360} + \cdots + \frac{|\sin 360°|}{2 \times 360}} \approx 3.1417$$

격자점

점들이 일정한 간격으로 사방으로 찍혀 있는 평면에 원을 하나 그린다. 이 원에 내접하는 정사각형을 하나 그리고, 다시 그 정사각형에

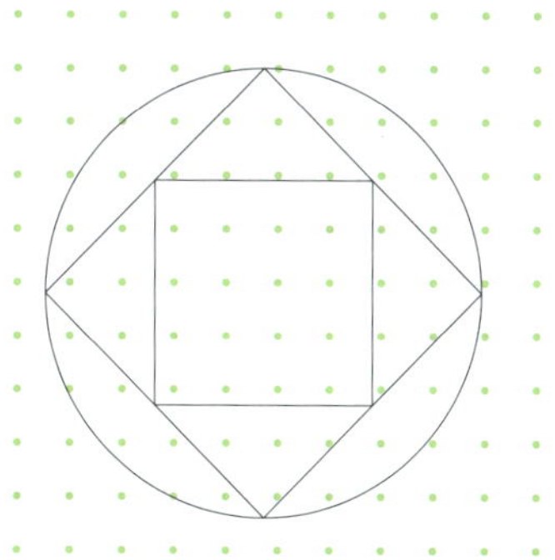

내접하는 정사각형을 하나 그린다. 이때 원 안에 포함되어 있는 격자점의 개수와 작은 정사각형 안에 포함되어 있는 격자점의 개수의 비가 원주율에 근사한 값이다. 이 값은 원을 크게 하면 할수록 점점 더 원주율에 가까이 간다.

자동차 순환 도로

서울시를 둘러싼 자동차 순환 도로는 완벽한 원형이 아니다. 순환도로를 따라 차를 몰아 한 바퀴 돌면 차량의 오른쪽 바퀴와 왼쪽 바퀴 중 어느 쪽이 많은 거리를 달렸을까? 또 달린 거리는 얼마나 차이가 날까?

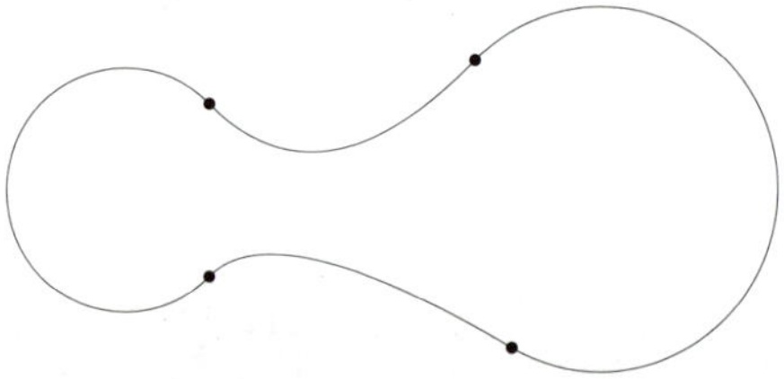

순환도로와 네 군데 변곡점

우리나라에서는 차는 항상 우측 통행을 해야 하니까, 순환도로를 시계 방향(즉, 햇빛에 의하여 생긴 그림자가 도는 방향)으로 돌 때에는 차량의 왼쪽 바퀴가 많은 거리를 움직인다. 하지만 순환도로를 반시계방향으로 돌면 차량의 오른쪽 바퀴가 많은 거리를 움직인다.

이때 두 바퀴가 움직인 거리의 차이는, 순환도로의 크기나 오목-

볼록에 상관없이 항상 차폭(좌우 바퀴 사이의 거리)의 2π배이다. 그 이유는 도로가 볼록한 곳과 오목한 곳의 차이는 정확하게 원 한바퀴이고, 따라서 두 원의 둘레의 차이는 반지름 차이의 2π배이기 때문이다. 위 그림에는 도로의 볼록과 오목이 바뀌는 네군데 변곡점에 점이 찍혀 있다.[29]

그러므로 차폭이 1.8미터이면, 순환 도로를 한 바퀴 돌 때, 좌우 바퀴가 달린 거리의 차는

$$1.8 \times 2\pi \approx 11.3 \quad (\text{미터})$$

이다.

순환도로로 차를 몰며 출근도 하고 퇴근도 하는 사람은 어느 쪽 바퀴가 빨리 닳을까 크게 신경쓰지 않아도 된다. 물론 순환도로를 한쪽 방향으로만 계속 다니는 차량은 조금 신경 쓰는 것이 좋다.

동네 공원을 돌며 산책을 하거나 구보를 하는 사람들도 안쪽선을 따르는 것과 바깥선을 따르는 것이 얼마나 차이 날까 궁금할 수 있다. 물론 공원의 모양은 다양한 형태이다. 이런 경우에도 항상 차이는 도로폭의 2π배이다.

29 변곡점이란 곡률의 음양이 바뀌는 점으로, 가속도의 방향 또는 몸이 쏠리는 방향의 좌우가 바뀌는 점이라 보아도 된다.

여러 사람이 큰 운동장을 돌며 달리기 시합을 할 때에도 안쪽 레인을 달리는 사람과 바깥쪽 레인을 달리는 사람은 그 거리에 차이가 난다. 이러한 경우에 선수들이 반드시 자신의 레인을 지키도록 하려면 8자 모양의 트랙을 연구할 수도 있다. 8자 트랙은 안쪽 레인이나 바깥쪽 레인이나 그 길이가 다 같다.

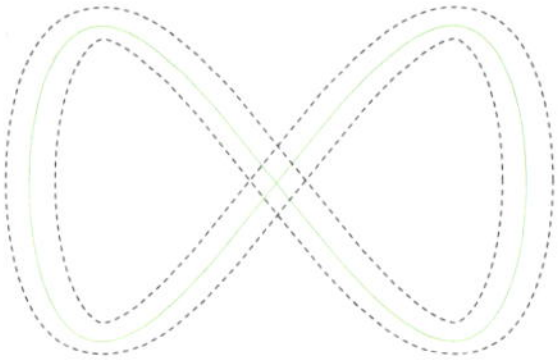

퀴즈 6

작은 경기장의 타원형 트랙은 그 둘레가 400미터이고, 큰 경기장의 타원형 트랙은 그 둘레가 1000미터라고 한다. 양쪽 경기장 모두 안쪽 레인과 바깥 레인이 2미터 폭으로 떨어져 있다. 작은 경기장에서 안쪽 레인을 한바퀴 돈 사람과 바깥쪽 레인을 한바퀴 돈 사람의 차이와 큰 경기장에서 안쪽 레인을 한바퀴 돈 사람과 바깥쪽 레인을 한바퀴 돈 사람의 차이는 어느 쪽이 큰가?(해답 209쪽)

땅은 넓고_

넓이

넓이를 재려고 하면 그 기준은 어느 것일까? 정사각형일까? 정삼각형일까? 아니면 원일까?

오늘날 인류가 넓이의 기준으로 삼고 있는 것은 한변의 길이가 1인 정사각형이다.

인류의 역사는 기준을 정하는 과정이었다고 해도 과언이 아니다. 시간을 재는 기준, 공간을 재는 기준, 경도를 재는 기준, 질량을 재는 기준, 열과 에너지를 재는 기준, 디지털 방송의 기준, 한글 글꼴의 기준, 나라의 헌법, 교육 제도, 사회 제도, 윤리와 규범 등 기준의 중요함은 이루 다 말할 수 없다. 상대성 이론에서는 빛이 바로 기준이다.

이제 피타고라스 학파가 공측성을 이용하여 어떻게 직사각형의 넓이를 구하는 식을 유도하였는지 살펴보자.

직사각형의 가로와 세로의 길이를 각각 a, b라고 하자. 앞에서 설명했듯이 공측성이란 '임의의 두 길이는 공통인자를 가진다'는 것이다. 즉, 제삼자를 잘 정하면 처음 두 길이는 제 삼자의 정수배로 나타난다는 뜻이다. 그러므로 기준인 정사각형의 한 변의 길이 u와 직사각형의 가로 a가 모두 그들의 공통인자 c의 정수배이다.

$$u = mc, \qquad a = nc$$

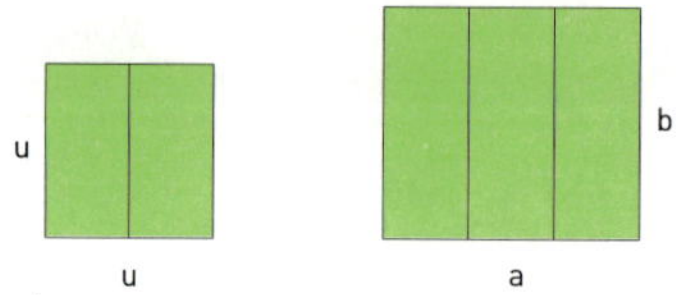

마찬가지로 기준인 길이 u와 직사각형의 세로 b가 모두 그들의 공통 인자 c'의 정수배이다.

$$u = m'c', \qquad b = n'c'$$

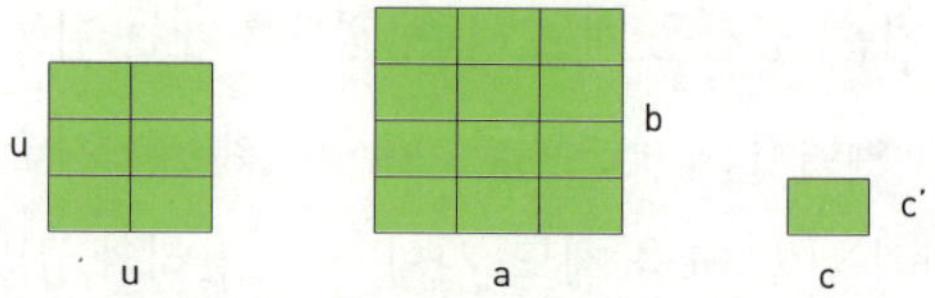

그러므로 처음에 주어진 직사각형에는 제삼자인 c-c' 사각형이 nn'개 들어 있고, 기준 정사각형에는 제삼자인 c-c'사각형이

mm'개 들어 있다. 따라서 기준 사각형에 대한 구하고자 하는 직사각형의 넓이의 비는

$$\frac{nn'}{mm'} = \frac{n}{m} \times \frac{n'}{m'} = \frac{a}{u} \times \frac{b}{u}$$

이다. 이 식이 뜻하는 바가 바로 '직사각형의 넓이는 가로 곱하기 세로' 라는 것이다.

피타고라스 학파는 모든 대상에 공측성이 있다는 '과장된 생각' 으로 직사각형의 넓이를 구하였고, 이를 바탕으로 삼각형의 넓이, 다각형의 넓이, 다면체의 부피 등을 구하였다. 하지만 후대의 학자들은 정사각형의 가로와 대각선처럼 공측성이 없는 경우에도 넓이나 부피를 다룰 수 있다는 것을 밝힐 수 있었다.

지표면적

지구의 표면적은 얼마나 될까? 기원전 300년 경에 시칠리 섬에 살던 아르키메데스는 공의 표면적을 최초로 구한 사람이다. 아르키메데스는 지렛대 원리, 부력의 원리나 지하수를 퍼올리는 나선 펌프, 햇빛을 모아 불을 만드는 포물거울, 오늘날 축구공 모양에 사용되는 다면체의 연구 등 이루 말할 수 없을 정도로 훌륭한 업적을 많이 남겼으나, 그 자신은 공의 부피와 표면적을 구한 것을 가장 자랑스럽

게 생각하여 묘비에 새겨주기를 부탁하였다.

아르케메데스는 지렛대의 원리를 이용하여 공의 표면적을 발견하였으며, 나아가 엄밀한 적분이론으로 완전한 증명을 하였다. 공을 절반으로 자른 단면 넓이의 네 배가 바로 공의 표면적이다.

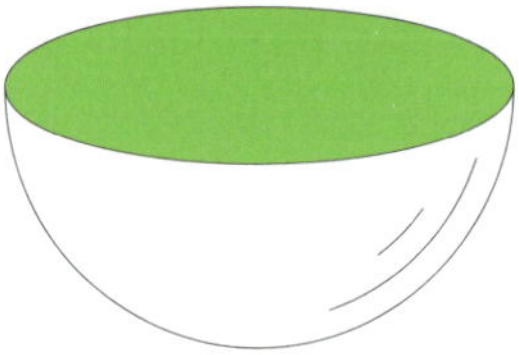

공의 표면적은 단면의 네 배

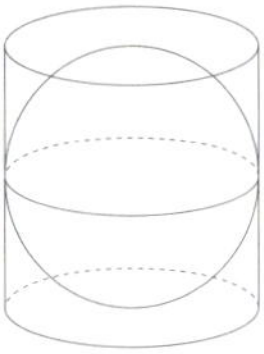

공과 원기둥

공의 표면적은 공에 외접하는 원기둥의 표면적과 같다.

둥근 지구의 지도를 평평한 종이에 그리는 것은 쉬운 일이 아니다. 그러나 지구의 지도를 원기둥에 먼저 그린 다음, 그것을 평평하게 펼치면 지구의 전도를 얻을 수 있다. 이렇게 얻은 지도는 부동산 중개업을 하는 사람들이 특히 좋아하는 것으로, 각 나라의 넓이가 정확하게 나오는 등적도법의 지도이다.

실제로 항해를 할 때에는 넓이를 보존하는 지도 대신 메르카토르(G. Mercator, 1512−1594)가 개발한 각을 보존하는 등각도법의 지도를 주로 사용한다. 별을 보고 나침반을 보는 것은 모두 방향을 정하기 위함이니까. 하지만 이런 지도에서는 극지방으로 갈수록 땅의 넓이가 심하게 부풀어진다.

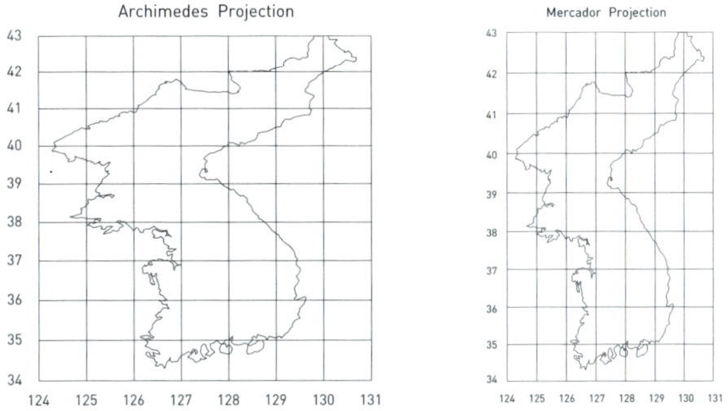

등적도법과 등각도법

각을 보존하고 동시에 넓이를 보존하는 평면 지도를 제작하는 것은 불가능한 일이다. 그 까닭은 구면과 평면의 기하학이 다르기 때문이다. 평면에서는 삼각형의 내각의 합이 180도이지만, 구면에서는 삼각형의 내각의 합이 180도보다 더 크다.

지구의 크기

지구가 완전한 구형이라면, 그 지름을 알 때 단면의 넓이를 알 수 있고 따라서 표면적도 구할 수 있다.

지구의 크기를 처음으로 예측한 사람은 기원전 240년 경에 알렉산드리아 도서관장이던 에라토스테네스였다. 에라토스테네스는 다방면에 뛰어나 그 별명이 제2인자를 뜻하는 '베타' 였다. 그는 자연수를 체에 걸러 내어 소수(素數)를 찾는 법을 설명하기도 했고, 윤년을 사용하여야 한다는 것을 처음으로 주장한 학자이기도 했다.

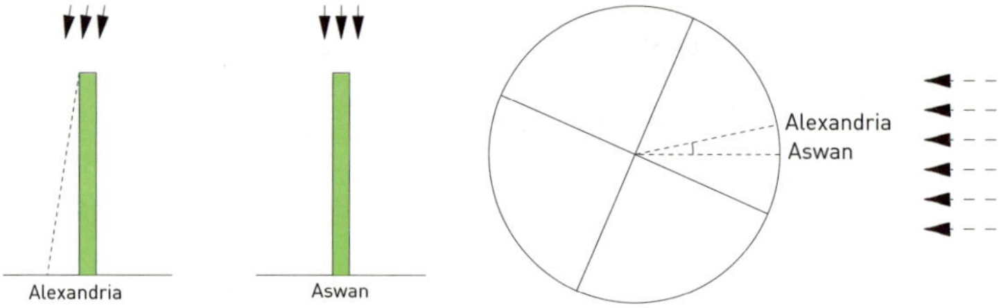

에라토스테네스는 하짓날 정오에 나일강 가의 도시인 아스완에서는 태양이 머리 위에 있어서 우물 속에 태양이 비치고, 세워둔 막대기는 그림자가 보이지 않는다는 것을 알았다. 하지만, 같은 날 알렉산드리아에 세운 막대기는 온각(360°)의 1/50만큼 각을 이루며 그림자를 드리우는 것을 발견하였다.

에라토스테네스는 이러한 현상이 지구가 둥글기 때문에 일어나는 것이라 생각하고, 지구 중심에서 바라본 아스완과 알렉산드리아 사이의 각이 온각의 1/50 이라고 생각하였다.

따라서 지구의 둘레는 아스완과 알렉산드리아 사이 거리인 5000 스타디움의 50배이다. 그러므로 지구의 반지름은

$$\frac{5000 \times 50}{2\pi} \quad (\text{스타디움})$$

이라고 주장하였다. 그 당시의 추정으로는 대단한 것이다. 더 나아가 에라토스테네스는 이를 이용하여 지구와 달 사이의 거리뿐 아니라 지구와 태양까지의 거리도 측정하였다.

지구는 적도 반지름이 약 6378km이고 극(極) 반지름은 약 6357km로 적도 부분이 약간 볼록하지만, 거의 구형으로 볼 수 있다.[30]

따라서 적도 단면의 넓이를 알 수 있고, 지구 표면의 넓이를 알 수 있다. 적도 단면은 대략적으로

$$\pi \times 6400^2 \approx 1.3 \times 10^8 \qquad (km^2)$$

이고, 따라서 지구 표면적은 이 값의 네 배인

$$5.2 \times 10^8 \qquad (km^2)$$

정도이다. 지구 표면의 3분의 2가 바다이니 육지 면적은 1.7억 평방킬로미터 정도이다.

현재 지구의 인구수를 60억 명이라 하면, 일인당 사용면적이

$$\frac{1.7 \times 10^8}{6 \times 10^9} \approx 0.03 \quad (km^2/\text{명}) = 3 \times 10^4 \quad (m^2/\text{명})$$

이다. 여러분은 지구에 비해 인구가 너무 많다고 느끼는가? 아니면 너무 적다고 느끼는가?

30 지금부터 200여 년 전 도량형을 처음 정할 때에는 지구 자오선의 길이의 2천만분의 1을 1미터로 정하였는데, 후에 상당한 오차가 있다는 것을 알게 되었다. 길이의 표준도 시간에 따라 변하는 것으로 볼 수 있다.

프랙탈

사실 지표면은 울퉁불퉁하므로 그 넓이는 간단하지 않다. 사람의 머리는 별로 크지 않지만, 그 속에 든 뇌의 표면적은 아주 큰 것처럼, 일정한 부피 속에 있더라도 굴곡이 많은 표면은 그 넓이가 한없이 커질 수 있다. 사람의 가슴은 작아도 그 속에 든 허파를 펼치면 커다란 테니스 장도 덮을 수 있다. 석가탄신일이면 길거리에서 볼 수 있는 연꽃 모양의 등불도 그 부피보다는 표면적이 훨씬 넓다. 이중나선으로 꼬여 있는 인간 유전자도 그 크기는 작지만 꼬인 것을 풀어 길이를 재면 아주 길어진다. 사람의 몸에 비하여 피가 차지하는 부피는 아주 작지만, 핏줄은 곳곳을 돌아다닌다. 이와 같은 현상을 설명하는 기하학을 프랙탈 기하학이라고 부른다.

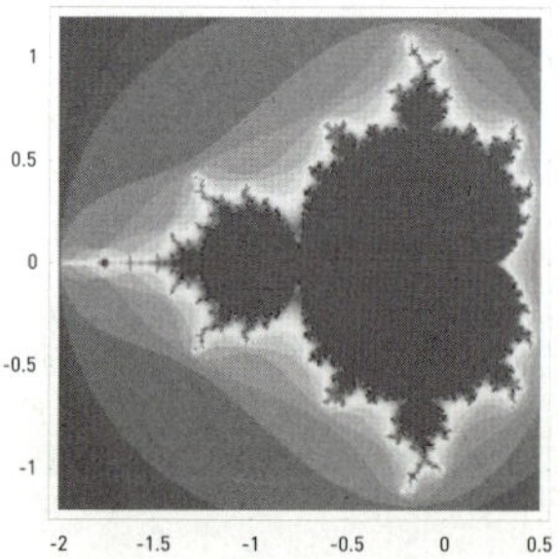

만델브로트(B. Mandelbrot, 1924-)의 프랙탈 집합

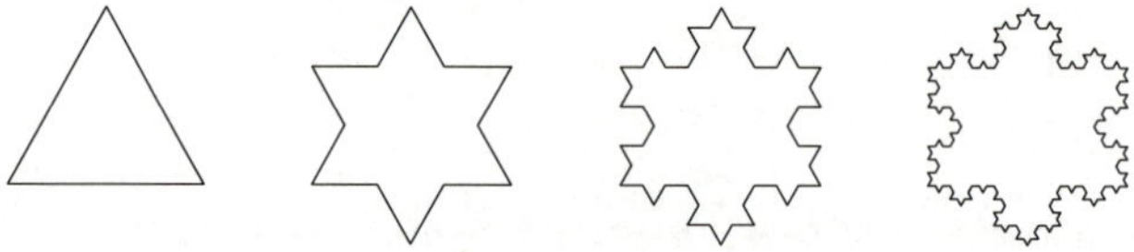

코흐(H. Koch, 1870-1924)의 눈송이

하지만 지구의 대부분이 물로 덮여 있고, 그 수면은 지표면과 달리 대체로 고르므로 우리가 일상에서 산이나 호수, 또는 지표면의 넓이라고 말할 때에는 주로 수평면의 넓이를 말한다. 숄츠(C. Scholz)라는 지질학자는 지구의 표면이 울퉁불퉁한 정도를 연구하여 지표의 프랙탈 차원이 2.7 정도라고 발표하였다.

피부면적

사람 몸의 피부 면적은 어떻게 잴까? 피부 면적은 환자들을 치료할 때 약물의 양을 조정하기 위하여 절대적으로 필요한 정보이다. 그러나 키와 몸무게와 달리 피부 면적을 구하는 것은 쉽지 않다. 의사들은 키와 몸무게에서 피부 면적을 구하는 표를 가지고 있는데, 왜 그런 표가 나왔는지를 아는 의사는 드물다. 키(Hcm)는 1차원적인 것이고, 부피나 몸무게(Wkg)는 3차원적인 것이지만 피부면적(Am^2)은 2차원적인 것이다. 그러므로 (사람의 몸이 닮은 꼴인 경우에) 피부 면적은 키의 제곱에 비례해야 하고, 몸무게는 키의 세제곱에 비례해야 한다.[31]

$$A \sim H^2 \qquad (2)$$

$$W \sim H^3$$

31 몸무게는 사람의 부피에 밀도를 곱한 것이다. 부피는 3차원적이고, 사람의 밀도는 큰 차이가 없다.

이 관계에서

$$A^3 \sim (H^2)^3 = (H^3)^2 \sim W^2$$

을 얻고 따라서 피부면적 A는 몸무게 W의 2/3 제곱에 비례한다는 것을 알 수 있다:

$$A \sim W^{2/3} \qquad (3)$$

만약 사람들이 모두 닮은 꼴이라면 공식 (2)를 사용하여 피부면적을 잰 것이나 공식 (3)을 사용하여 피부 면적을 잰 것이 마찬가지다.

그러나 어떤 사람은 뚱뚱하고, 어떤 사람은 홀쭉하니 두 공식이 다 문제가 있다.

키에서 피부 면적을 구하려 하는 식 (2)는 뚱뚱한 사람의 피부 면적은 너무 적게 산출하고, 홀쭉한 사람의 피부면적은 너무 많이 산출한다.

키가 같은 사람 : 키로 피부 면적을 재면 뚱뚱한 사람은 실제보다 면적이 적게 나오고
홀쭉한 사람은 실제보다 면적이 많이 나온다.

몸무게가 같은 사람

몸무게에서 피부면적을 구하려 하는 식 (3)은 키 큰 사람의 피부 면적은 너무 적게 산출하고, 키 작은 사람의 피부 면적은 너무 많이 산출한다.[32]

그러므로 의사들은 위 두 가지 식을 혼합하여

$$A = kW^a H^b$$

라는 식을 사용하고 있다. 이 식이 바른 식이 되기 위해서는 닮은꼴에 대하여 바르게 작용해야 한다. 즉, 닮은비가 r인 사람의 경우에는

$$r^2A = k(r^3W)^a (rH)^b$$

라는 식이 성립하여야 한다. 그러므로

32 부피가 일정할 때 가장 표면적이 적은 형태는 공모양이다.

$$2 = 3a+b$$

임을 안다. 선진국에서는 여러 실험을 통하여

$$A = 0.007W^{0.425}H^{0.725}$$

라는 식을 얻었다.[33] 예를 들어 몸무게가 66kg이고 키가 170cm인 사람의 피부면적은 대략 1.72m^2 이라는 뜻이다.

분해합동

두 다각형이 넓이가 같으면 그 중 하나를 다각형으로 조각 낸 다음, 재조립하여 다른 쪽 다각형을 얻을 수 있다. 다음 그림은 정사각형을 조각내어 정삼각형을 만드는 법을 보여준다.

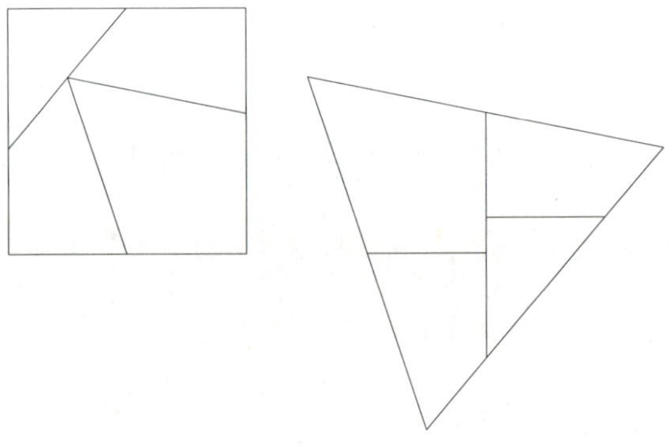

33 우리나라 사람으로 실험하였는지는 알 수 없다.

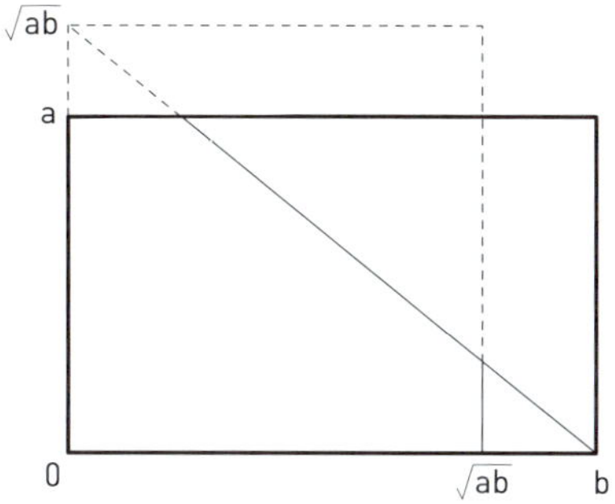

위의 그림은 직사각형을 세 조각 낸 뒤에 재조립하여 정사각형을 얻는 과정을 그린 것이다.

하지만 정육면체를 다면체로 분해하여 재조립한 것이 정사면체가 되게 할 수는 없다. 이것이 넓이와 부피가 크게 다른 성질이다.

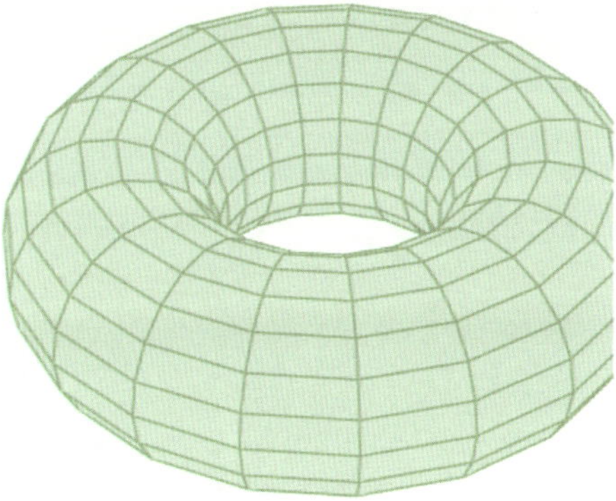

하늘은 높고_
부피

부피의 기준은 어떠한 것인가? 정육면체, 정사면체 또는 공 가운데에서 어느 것이 기준일까? 오늘날 인류가 부피의 기준으로 삼는 것은 한변의 길이가 1인 정육면체이다.

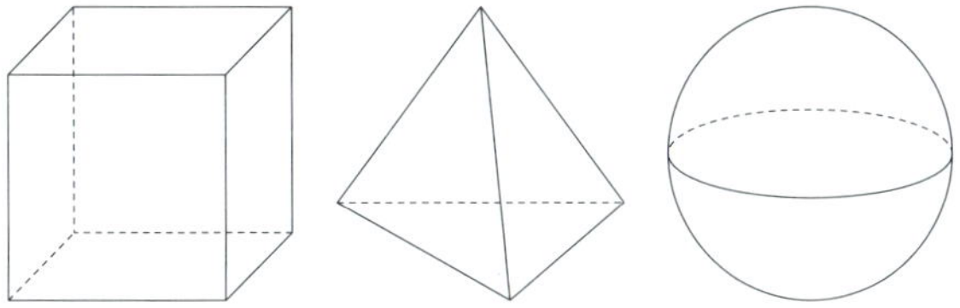

하지만 미국의 유명한 건축가인 풀러(B. Fuller, 1895−1983)는 정사면체를 공간의 기준으로 보는 것이 가장 자연스럽다고 주장하였다. 그는 플라톤처럼, 정사면체야말로 공간의 기본입자라고 생각하였다. 풀러는 기둥 없는 커다란 건물인 돔을 설계하는 법을 발견하였는데, 과천의 놀이 공원 등에서도 이러한 돔을 볼 수 있다. 탄소

60개를 축구공 모양으로 배열한 동소체를 풀러린이라고 부르는데, 이도 그의 이름에서 따온 것이다. 축구공 모양은 오각형과 육각형으로 이루어진 32면체인데 풀러가 건축물에 응용하긴 하였지만, 이미 레오나르도 다빈치의 그림에도 나오고, 심지어는 기원전에 시라쿠사의 아르키메데스가 연구한 열세 가지 다면체에도 나온다.

공의 부피

고대 그리스의 에우독소스는 삼각뿔의 부피는 외접하는 삼각기둥 부피의 1/3임을 보였다. 이를 바탕으로 모든 뿔의 부피는 기둥 부피의 1/3임을 보일 수 있었다. 특히 원뿔의 부피는 원기둥 부피의 1/3이다.

아르키메데스는 이를 더욱 발전시켜 공의 부피를 구할 수 있었다.[34]

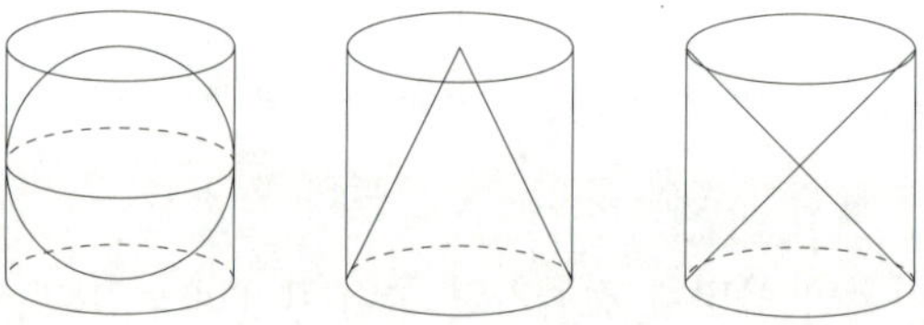

뿔의 부피는 기둥의 1/3, 공의 부피는 기둥의 2/3

34 공도 꼭지점이 중심에 있는 일종의 뿔이라고 해석하면 반지름이 r인 공의 부피는 "밑넓이 곱하기 높이 나누기 3"에서 $(4\pi r^2)\times r/3=\frac{4\pi}{3}r^3$이다. 거꾸로 공의 부피를 안다면 공의 표면적을 알 수 있다.

아르키메데스는 공의 부피와 뿔의 부피를 더한 것이 원기둥의 부피라는 것을 보였다.

아르키메데스가 어떻게 이것을 알게 되었는지 원기둥과 공과 원뿔을 정면에서 살펴보기로 하자.

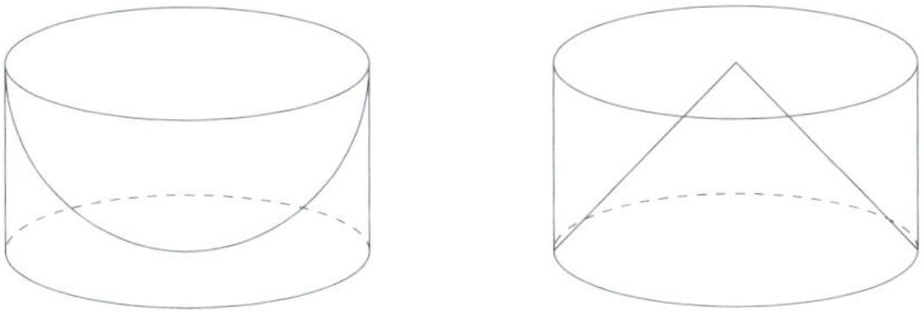

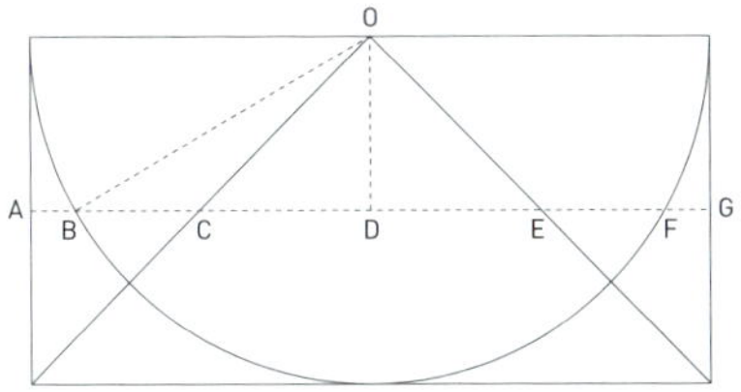

위 그림에서 반원은 반공을 정면에서 본 것이고, 삼각형은 삼각뿔을 정면에서 본 것이며, 직사각형은 이에 외접하는 원기둥을 정면에서 본 것이다. 이때 원기둥의 단면 AG와 공의 단면 BF, 그리고 원뿔의 단면 CE는 모두 원인데, 원기둥의 단면이 공의 단면과 원뿔의 단면을 더한 것과 넓이가 같다는 것을 보이면 원하는 목적을 달성한다. 원의 넓이는 반지름의 제곱에 비례하므로

$$AD^2 = BD^2 + CD^2 \qquad (4)$$

을 증명하면 된다. 그런데 AD, BD, CD는 각각 직각삼각형 OBD의 한 변과 마찬가지이므로 피타고라스의 정리에서 식 (4)가 옳다는 것을 안다.[35]

뿔의 부피는 외접하는 원기둥 부피의 1/3이고, 따라서 공의 부피는 외접하는 원기둥 부피의 2/3이다. 반지름이 r인 공에 외접하는 원기둥의 부피는 '밑넓이 곱하기 높이'에서 $\pi r^2 \times 2r = 2\pi r^3$ 이고, 따라서 공의 부피는 $\frac{4}{3}\pi r^3$ 이다.

지구 대기권의 부피

지구 대기의 부피는 얼마나 될까? 지구에 있는 바닷물의 양은 얼마나 될까?

일반적으로 기둥(prism)의 부피는 밑넓이에 그 높이를 곱하면 얻어진다. 기둥에는 삼각기둥, 사각기둥, 오각기둥, 육각기둥, 원기둥, 타원기둥 등 다양한 것이 있다.

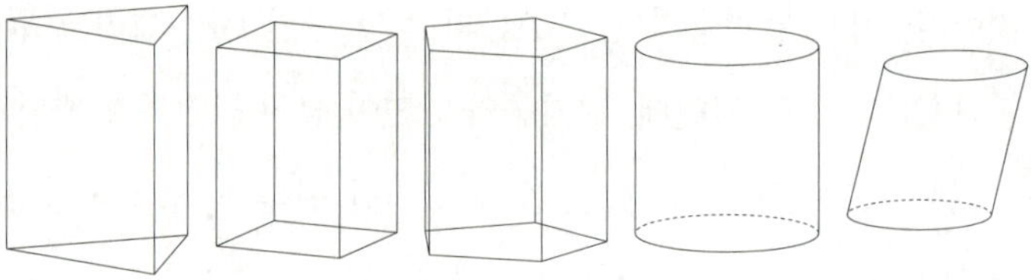

35 AD = OB, CD = OD

기둥이란 평면 도형을 공간 방향으로 평행이동시켜 얻은 입체를 말한다.

지구의 대기권을 지표면에 대한 기둥으로 해석하면 그 부피는 지표면적에 대기권의 높이를 곱한 것이다. 이 값은 근사적으로 적합한 값이지만 엄밀하게는 약간의 오차가 있다. 대기권은 기둥형이 아니라 두 공 사이에 있는 영역이기 때문이다.

지구의 반지름을 R이라 하고, 대기권의 높이를 h라 한다면[36] 대기권의 부피는

$$\frac{4}{3}\pi(R+h)^3 - \frac{4}{3}\pi R^3 = \frac{4}{3}\pi(3R^2h+3Rh^2+h^3)$$
$$= 4\pi R^2 h\left(1+\frac{h}{R}+\frac{1}{3}\left(\frac{h}{R}\right)^2\right)$$

이고, 지구의 크기에 대하여 대기권의 높이 $(h/R\approx 0.08)$가 얼마 되지 않으므로, 위 값은 지표 면적과 대기권의 높이를 곱한 값인

$$4\pi R^2 h \approx 2.6\times 10^{11} \qquad (\mathrm{km}^3)$$

에 상당히 가깝다.

36 $R\approx 6400\mathrm{km}$, $h\approx 500\mathrm{km}$

퀴즈 7

해수욕을 즐길 때 사용하는 튜브 또는 맛있는 도너츠 모양으로 생긴 곡면을 원환면(torus)이라 부른다. 원환면은 원을 회전시켜 얻은 곡면인데, 이때 회전축과 원이 같은 평면에 있다. 이 원환면 내부의 부피는 얼마나 될까? (해답 209쪽)

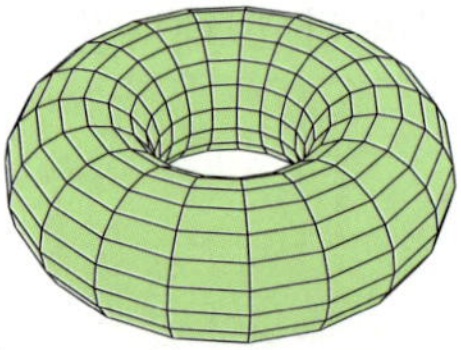

인과응보 _
미분과 적분

고대 그리스의 아리스토텔레스는 중세에 이르기까지 서구 사상에 아주 큰 영향을 끼친 학자이다. 그는 많은 책을 썼는데, '물리학' 이라는 저서에는 무거운 물체는 가벼운 물체보다 먼저 땅에 떨어진다고 되어 있었다. 이탈리아의 갈릴레오(Galileo Galilei, 1564−1642)는 이에 크게 의심을 가졌다. 갈릴레오는 만약 아리스토텔레스가 옳다면, 무거운 물체와 가벼운 물체를 같이 붙여 떨어뜨릴 때 모순이 생기는 것을 발견하였다. 갈릴레오는 직접 실험을 통하여 조사해 보았는데, 공기저항이 없다면 무거운 물체나 가벼운 물체나 모두 똑같이 떨어지며, 떨어진 거리는 시간의 제곱에 비례함을 발견하였다.

양궁선수들이 과녁을 향해 쏜 화살이 날아가는 것을 보면 아름다운 포물선이 나타난다. 엄밀하게 말하면 이러한 궤적은 포물선이라기보다 커다란 타원(의 일부)이다. 케플러(J. Kepler, 1571−1630)는

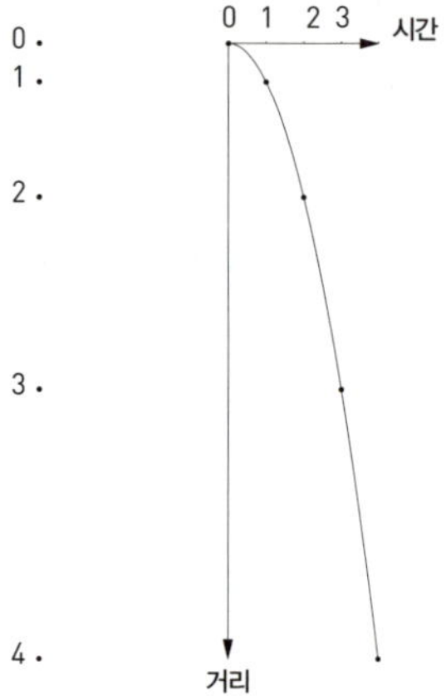

태양을 돌고 있는 행성들의 궤도가 오랫동안 믿어 오던 원이 아니라 타원이라는 것을 밝혀 유명해졌고, 이 발견으로 태양이 돈다는 천동설보다 지구가 돈다는 지동설이 점점 더 위력을 발휘하기 시작하였다. 타원은 원을 여러 방향에서 볼 때 보이는 모습이다. 타원은 원의 중심이 두 개로 분리되어 두 개의 초점을 가지고 있는 모양을 뜻한다.

타원이란 두 초점까지의 거리의 합이 일정하고, 두 초점과 같은 평면에 있는 점들의 집합을 뜻한다. 타원의 초점에 불을 켜면 그 빛

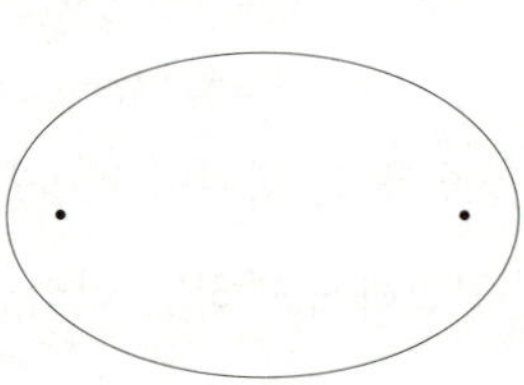
타원

은 타원의 벽에 반사되어 다른 초점에 모인다. 타원의 한 초점에서 속삭이면 다른 초점에 있는 사람이 들을 수 있다. 몸 안의 결석을 제거할 때에도 한 쪽 초점에서 강한 전파를 발사한 것이 정상적인 장기에는 큰 지장이 없지만 다른 쪽 초점에 위치한 결석을 파괴하는 데 도움을 주기도 한다.

타원에서 두 초점이 점점 멀어지면 그 극한에 생기는 도형이 포물선이다. 포물선에는 초점이 하나 있으며 그곳에 빛이 모이는 성질이 있어 위성 신호 수신기, 자동차 전조등, 등대불 등에 이용된다.

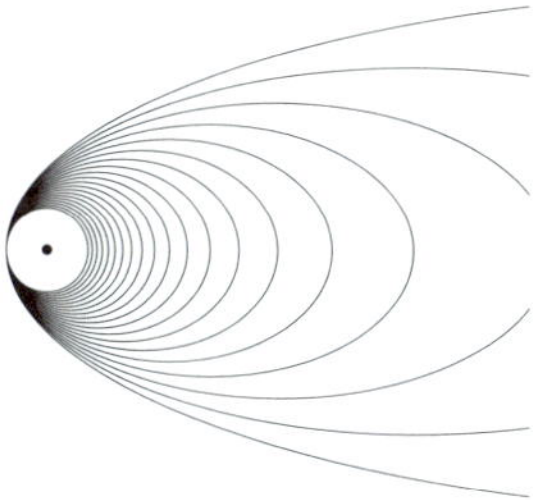

타원에서 두 초점이 멀어지면서 포물선에 가까워지는 모습

육각기둥 모양의 연필을 기계에 깎으면 포물선이 모습을 드러낸다. 영종대교같이 튼튼한 줄이 다리를 들고 있는 구조의 다리(suspension bridge)를 적교(吊橋)라고 부르는데, 이때 줄이 이루는 모양이 포물선이다. 여인의 목에 걸린 아름다운 목걸이처럼 현이 중력에 의하여 자연스럽게 이루는 모양을 현수선이라 부르는데 이 모

양은 포물선보다는 약간 아래로 쳐진 모양이다. 그러므로 적교를 현수교(懸垂橋)라 부르는 것은 엄밀하게 말하면 틀린 용어이다.

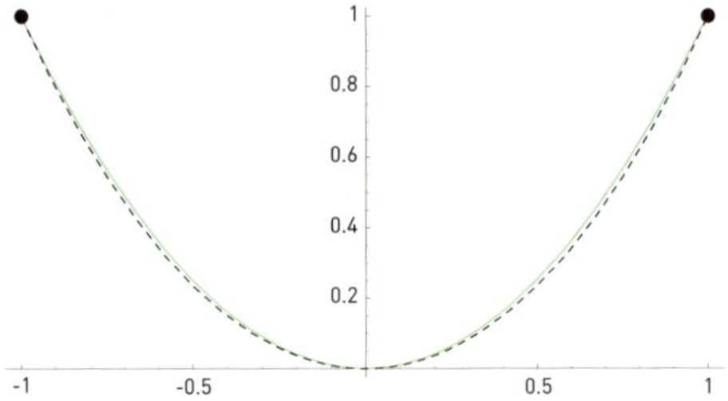

포물선(실선)과 현수선(점선)

위치의 변화율을 속도라 하는데, 갈릴레오의 발견에 의하면, 떨어지는 물체의 속도는 떨어진 시간에 비례한다.

뉴턴 이전에 학자들은 물체가 움직이는 방향이 '힘'의 방향이라고 생각하였으나, 뉴턴은 움직이는 방향이 힘의 방향이 아니라, 움직임의 변화, 즉 가속도(a)가 바로 '힘'(F)의 방향이라는 것을 발견하여 유명한

$$F = ma$$

라는 식을 세웠다. 뉴턴은 이 식에서 케플러의 행성에 관한 세 가지 법칙을 모두 유도하였다.

> **▶ 케플러의 삼법칙**
>
> 1. 태양을 도는 행성은 타원궤도를 돌며 태양은 타원의 한 초점에 위치한다.
> 2. 태양과 행성을 잇는 선분이 만드는 영역의 넓이는 행성이 그 구간을 움직인 시간에 비례한다.
> 3. 행성의 공전주기의 제곱은 타원궤도의 장축의 세제곱에 비례한다.[37]

이러한 법칙은 오늘날 천문학자들이 이해하는 정확도에는 상당히 떨어지지만 케플러 당시의 발견으로는 대단한 것이었다.

순간변화율

미분법에서는 함수 $f(x)$의 순간변화율을 $f'(x)$ 또는 $\dfrac{df}{dx}$ 등으로 표현하며 그 뜻은 평균변화율의 극한값이다.[38]

$$f'(x) = \lim_{\Delta x \to 0} \frac{f(x+\Delta x) - f(x)}{\Delta x}$$

함수 값이 변하지 않는 함수를 상수함수라고 부른다. 상수함수의 그래프는 수평선이다.

37 타원에는 서로 수직인 두 개의 대칭축이 있는데, 이 가운데 긴 것을 장축, 짧은 것을 단축이라 한다.
38 기호 ′은 '프라임'이라고 읽고, 강 하류에 쌓인 모래 더미처럼 생긴 그리스 문자 Δ는 '델타'라고 읽는다.

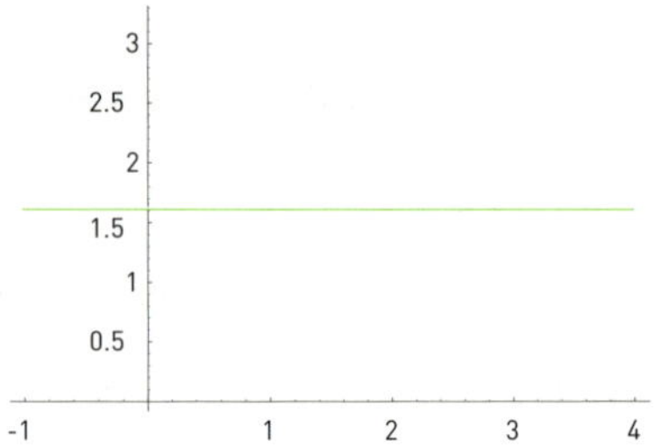

상수함수

상수함수의 평균변화율은 항상 영이고, 따라서 순간변화율도 영이다. 이 자명한 명제의 역명제가 미분법에서 가장 기본적인 명제이다.

매순간마다 변화율이 영인 함수는 상수함수이다

갈릴레오는 이 명제를 '힘을 받지 않는 물체는 등속운동을 한다'고 표현하였다.

지수

지수(指數, exponent)는 같은 수를 여러번 곱할 때 사용한다.

$$2\times2=2^2,\quad 2\times2\times2=2^3,\quad 2\times2\times2\times2=2^4,\quad \cdots,$$
$$3\times3=3^2,\quad 3\times3\times3=3^3,\quad 3\times3\times3\times3=3^4,\quad \cdots.$$

10진법이 획기적인 기수법이었지만, 이제 지수를 이용하면 아주 큰 수도 적은 개수의 기호로 표현할 수 있다.

$$100 = 10^2$$

$$1000 = 10^3$$

$$10000 = 10^4$$

$$100000 = 10^5$$

$$1000000 = 10^6$$

$$10000000 = 10^7$$

$$100000000 = 10^8$$

사람은 모두 하나의 세포에서 자라났다. 하나의 세포가 분열하면 두 개의 세포로 된다. 이 세포들이 다시 분열하면

$$2^2 = 4$$

개의 세포가 되고 이것이 다시 분열하면

$$2^3 = 8$$

개의 세포가 된다. 열 번 분열하면

$$2^{10} = 1024$$

개의 세포가 되는데, 이와 같이 증가하는 것을 지수적으로 또는 기하적으로 증가한다고 말한다.

한 세포가 백 번 분열하면

$$2^{100} = 1267650600228229401496703205376$$

개의 세포가 된다.

지수함수

지수함수는 다음과 같은 성질이 있다.

$$2^x \times 2^y = 2^{x+y}, \qquad 3^x \times 3^y = 3^{x+y}$$

밑(기준)이 2인 지수함수란 2^x를 뜻하고, 밑이 3인 지수함수는 3^x를 뜻한다. 지수함수는 밑에 따라 여러 가지가 있지만 모두 다음 성질을 가지고 있다.

$$E(x) \times E(y) = E(x+y) \qquad (5)$$

이것은 로그함수와는 반대의 성질이다. 거꾸로, 이러한 성질을 가지는 연속함수는 지수함수이다.[39]

지수함수의 밑으로 가장 적합한 수는 자연상수

$$e = 2.7182818284 \cdots$$

임이 알려져 있다.

자연상수 e는 다음과 같이 설명할 수 있다. 은행에 원금 1을 예금

39 그 이유는 $E(1)$을 b로 두면, $E(2)=E(1+1)=E(1)\times E(1)=b^2$, $E(3)=E(2+1)=E(2)\times E(1)=b^3$ 등이기 때문이다.

하였을 때 1기간, 예를 들어 10년, 지나면 원금이 두 배로 불어난다고 하자. 이때 은행에서 반 기간(즉, 5년)마다 이윤을 원금에 보태준다고 하면 1기간 후의 원리합계는

$$\left(1+\frac{1}{2}\right)^2 = 2.25$$

이다. 만약 은행에서 1/10기간마다(즉, 매년) 이윤을 보태준다고 하면, 1기간 후의 원리합계는

$$\left(1+\frac{1}{10}\right)^{10} = 2.59\cdots$$

이다. 만약 은행에서 1/120기간마다(즉, 매달) 이윤을 보태준다면, 1기간 후의 원리합계는

$$\left(1+\frac{1}{120}\right)^{120} = 2.707\cdots$$

이다. 고객의 입장에서 가장 이상적인 경우는 은행에서 매 순간마다 이윤을 원금에 보태는 것이고, 이때 만기가 되면 받는 금액이 바로 자연상수 e이다.

$$e = \lim_{n\to\infty}\left(1+\frac{1}{n}\right)^n$$

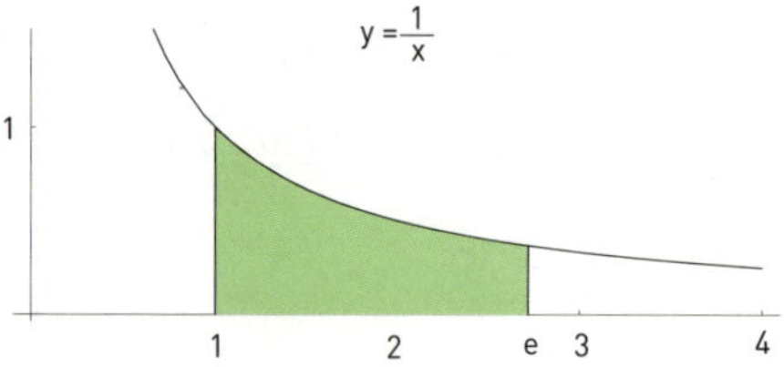

자연상수를 그림으로 나타내면 반비례 곡선 $y=\frac{1}{x}$의 그래프의 아랫쪽에 빗금친 부분의 넓이가 1이 되도록 하는 점이 바로 e이다.

자연상수 e가 지수함수의 밑으로 가장 적합하다고 여기는 이유는 함수

$$y = e^x$$

의 순간변화율이 자신과 같기 때문이다.

다중지수

이 절에서는 지수를 표현할 때에 오른쪽 상단에 작은 글씨로 쓰는 대신 기호 (↑)를 사용하도록 하겠다.[40]

$$10^{12} = 10 \uparrow 12$$

일조(兆)를 10진법으로 표현하는 데에는 열세 개의 기호 (1, 0, 0, 0,

40 알고리즘과 TEX으로 유명한 미국의 D. Knuth교수가 1976년에 도입한 기호이다.

0, 0, 0, 0, 0, 0, 0, 0, 0)가 쓰이지만, 지수법을 이용하면 다섯 개의 기호(1, 0, ↑, 1, 2)이면 충분하다.

지수법과 같은 기수법은 더욱 발전하여 요즈음은 엄청나게 큰 수도 압축하여 표현할 수 있다. 이 원리를 조금 설명하면 다음과 같다. 곱하기라는 것은 더하기를 줄여서 표현한 것이다.

$$2 \times 3 = 2 + 2 + 2$$

마찬가지로 지수(↑)는 곱하기를 줄여서 표현한 것이다.

$$2 \uparrow 3 = 2 \times 2 \times 2$$

이제 소개하는 이중지수(↑↑)는 지수를 줄여서 표현한 것이다.[41]

$$2 \uparrow\uparrow 3 = 2 \uparrow 2 \uparrow 2 = 2 \uparrow 4 = 16$$

또한 삼중지수(↑↑↑)는 이중지수를 줄여서 표현한 것이다.

$$\begin{aligned} 2 \uparrow\uparrow\uparrow 3 &= 2 \uparrow\uparrow 2 \uparrow\uparrow 2 = 2 \uparrow\uparrow 4 \\ &= 2 \uparrow 2 \uparrow 2 \uparrow 2 = 2 \uparrow 16 \\ &= 65536 \end{aligned}$$

41 지수를 여러 번 사용할 때에는 뒤쪽부터 셈하여야 한다. $a \uparrow b \uparrow c := a \uparrow (b \uparrow c)$. 다중지수는 1928년 애커만(W. Ackermann)이 도입하였다.

명석한 독자들은

$$\begin{aligned} 2\uparrow\uparrow\uparrow\uparrow 3 &= 2\uparrow\uparrow\uparrow 2\uparrow\uparrow\uparrow 2 = 2\uparrow\uparrow\uparrow 4 \\ &= 2\uparrow\uparrow(2\uparrow\uparrow 2\uparrow\uparrow 2) = 2\uparrow\uparrow(2\uparrow\uparrow 4) \\ &= 2\uparrow\uparrow 65536 \\ &= 2\uparrow 2\uparrow\cdots\uparrow 2 \end{aligned}$$

이 얼마나 큰 수인지 짐작할 수 있을 것이다.

삼각함수

고대 바빌로니아인들은 두 방향 사이의 각의 크기를 재는 방법으로 원을 360등분한 것을 기준으로 삼아 '1도(°)' 라고 불렀다. 원을 이와 같이 나눈 이유는 일년에 들어 있는 날수와 맞추기 위한 것이었다. 1도를 60등분하면 1분(′)이고, 1분을 60등분하면 1초(″)이다. 이와 같이 각의 크기를 재는 방법을 **60분법**이라 부른다.

오늘날 지구의 경도를 잴 때에도 영국 그리니치 천문대를 기준으로 하여, 동쪽으로 180등분, 서쪽으로 180등분한 것을 사용하고 있다. 그리고 적도에서의 경도 1도 차이가 나는 거리를 **60해리**라고 말한다.

팔의 길이가 60cm이고, 새끼 손가락의 폭이 1cm인 사람이 팔을 뻗어 쳐다볼 때, 새끼 손가락에 가려지는 물체는 시각(視角)—즉, '보는 각' 이 1°이하이다. 보름달이나 태양들은 새끼 손가락에 다 가려진다. 이들이 천구에서 차지하는 영역은 10만분의 1이 안 된다.

각의 크기를 60분법으로 나타내는 것 외에 많이 사용하는 것 중에는 호도법이 있다. 호도법에서는 각의 크기를 재기 위하여 기준점에서 원을 그린 다음, 그 반지름을 기준(1)으로 하였을 때 두 방향 사이의 호의 길이를 각의 크기로 정한다.[42] 그러므로 60분법에서는 온각이 360도이지만, 호도법에서는 온각이 2π이다.

60분법	0°	30°	45°	60°	90°	180°	360°
호도법	0	$\frac{\pi}{6}$	$\frac{\pi}{4}$	$\frac{\pi}{3}$	$\frac{\pi}{2}$	π	2π

좌표계가 주어진 평면에서 원점을 중심으로 하는 단위원, 즉 반지름의 길이가 1인 원을 그린 다음, 제일축(x축)과 원의 한 점 P가 이루는 각을 t라 하자. 이때 P를 제일축에 정사영한 점의 좌표를 $\cos t$라 하고, 제이축(y축)에 정사영한 점의 좌표를 $\sin t$라 한다. 그러므로 P의 전체 좌표는

$$(\cos t,\ \sin t)$$

이다.

원의 점 P가 자리를 바꾸면 x-좌표와 y-좌표도 그 값이 달라진

42 물론 원의 크기와 상관없이 반지름에 대한 호의 길이의 비는 일정하다.

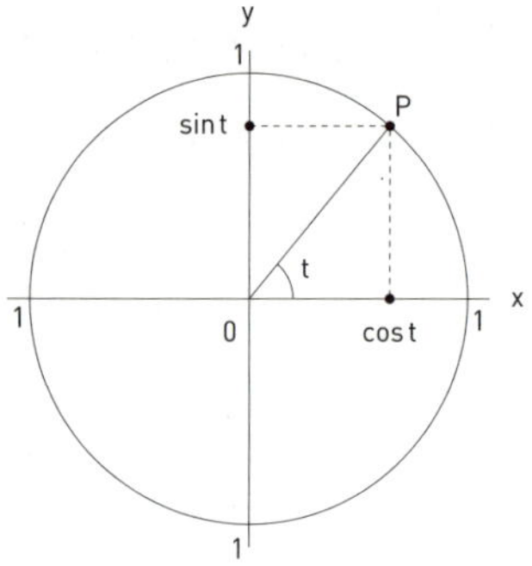

다. 이러한 변화를 각각 코사인(cos) 함수와 사인(sin) 함수라고 부른다.

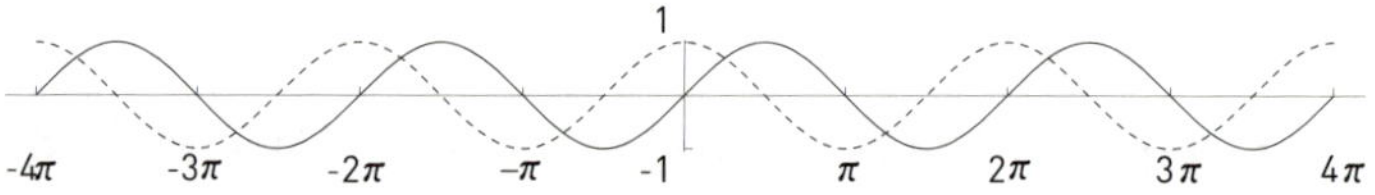

사인함수(실선)와 코사인 함수(점선)

사인과 코사인은 직각삼각형에서 빗변에 대한 다른 변의 비로 볼 수 있으므로, 이들 함수는 삼각함수의 일종이다.

삼각형과 삼각함수는 모든 측량의 기본으로, 이를 바탕으로 천문을 이해하고, 시각을 재고, 항해를 할 수 있었다.

하늘의 별자리 지도를 그릴 때에는 별들을 땅에 (또는 호수에) 정사영하여 그린다. 그러므로 쳐다보는 북두칠성과 호수에 비친 북두칠성은 그 모양이 서로 대칭일 수밖에 없다. 우리나라 고인돌에 나타나는 북두칠성도 올려다본 모양이 아니라 호수에 비친 모양이다.[43]

별자리 지도를 그릴 때에는 별의 방향(동서남북 등)을 구하고, 그 다음은 별을 올려다본 각도 t를 구한다. 그러면 지도에는 천구가 둥근 원판에 그려지고, 별은 중심에서 $\cos t$위치에 그린다.

물론 별자리 지도는 지방마다 다르게 나타나므로, 그것을 보면 어느 지역에서 그린 것인지 알 수 있다. 북극성을 올려다보는 각도

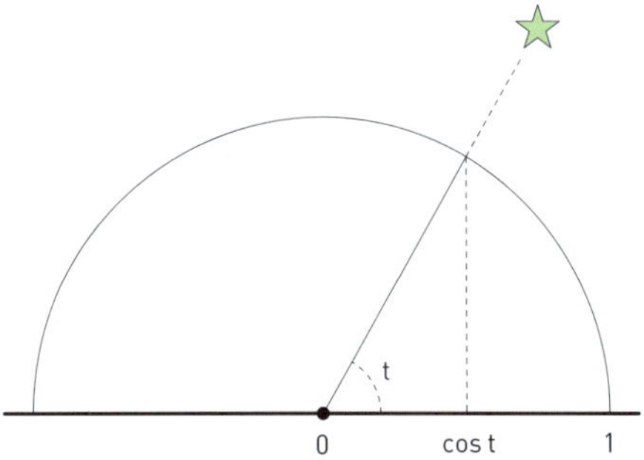

가 바로 그 지방의 위도와 마찬가지이다. 서울 지방에서는 북극성을 올려 보는 각도가 37.5°이다. 별자리 지도를 정교하게 그리기 위해서는 코사인 값을 정밀하게 구하는 것이 중요하다.

삼각함수의 가법정리

$$\cos(A+B) = (\cos A)(\cos B) - (\sin A)(\sin B) \qquad (6)$$

는 다음 그림을 이해하면 바로 알 수 있다.

43 박창범, 『하늘에 새긴 우리 역사』, 김영사, 2002.

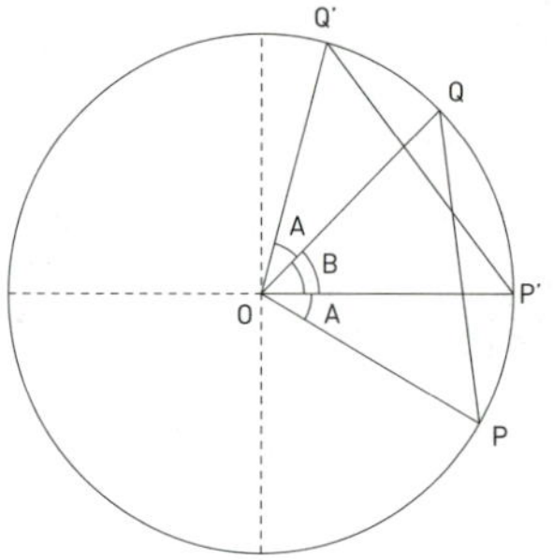

삼각형 OPQ를 원점 주위로 각의 크기 A만큼 회전하여 얻은 삼각형을 $OP'Q'$이라 하자. 한편 꼭지점의 좌표는

$$P(\cos A, -\sin A),\ Q(\cos B, \sin B),$$
$$P'(1,0),\ Q'(\cos(A+B),\ \sin(A+B))$$

이므로, 피타고라스 정리 덕분에

$$PQ^2 = (\cos A - \cos B)^2 + (-\sin A - \sin B)^2$$
$$P'Q'^2 = (\cos(A+B) - 1)^2 + \sin^2(A+B)$$

을 얻는다. 그런데 선분 PQ와 $P'Q'$은 같은 길이이므로 원하는 등식 (6)을 얻는다.

가법정리를 이용하면, 두 방향의 코사인 값을 각각 알 때 그 방향들의 이등분선 방향의 코사인 값도 알 수 있다. 예를 들어 30°방향과 45°방향의 한가운데가 37.5°방향이므로 서울에서 북극성을 바라보는 각의 코사인 값은

$$\cos 37.5^\circ = \frac{\sqrt{4+\sqrt{6}-\sqrt{2}}}{2\sqrt{2}} \approx 0.79335$$

임을 알 수 있다.

이러한 방법으로 모든 코사인 값을 구하려면 많은 셈을 하여야 한다. 그러나 미적분학의 발견으로, 그동안 발전한 셈법이 한층 더 획기적으로 발전하여

$$\begin{aligned}
\cos x &= 1-\frac{1}{2!}x^2+\frac{1}{4!}x^4-\cdots \\
\sin x &= x-\frac{1}{3!}x^3+\frac{1}{5!}x^5-\cdots \\
\log_e(1+x) &= x-\frac{1}{2}x^2+\frac{1}{3}x^3-\cdots \qquad (-1<x\le 1) \\
\pi &= 4\left(1-\frac{1}{3}+\frac{1}{5}-\cdots\right)
\end{aligned}$$

등을 알게 되었다.[44] 그 원리는 다음과 같다.

두 함수가 같다는 것을 보이려면,

- 한 점에서 일치하고,
- 그들을 미분하면 같다

44 자연수 n에 대하여 $n!$(! 는 '계승' 또는 '팩토리얼(factorial)' 이라고 읽는다)은 n이하의 자연수를 모두 곱한 것을 뜻함. 예를 들어 $3!=3\times2\times1=6$.

는 것을 보이면 된다.

원주율

다음 그림은 곡선 $y = \frac{1}{x^2+1}$의 그래프이다. 이 곡선 아래 부분의 넓이가 정확하게 π이다. 이 그래프는 네 조각으로 되어 있는데, 각 조각의 넓이가 $\frac{\pi}{4}$로 다 같다.

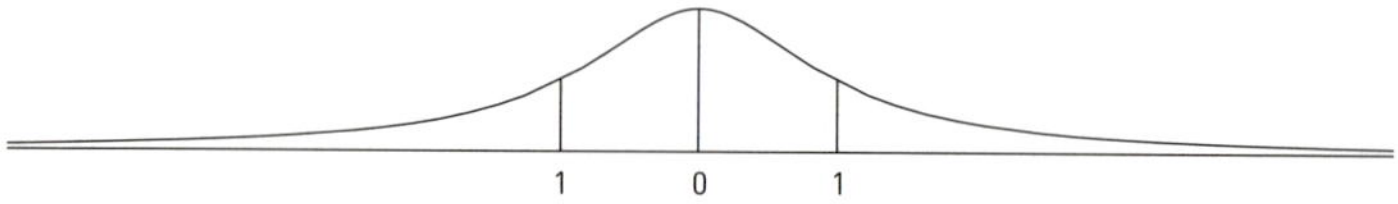

인구 모형

식량 생산의 증가와 인구 증가를 예측하는 모형으로 맬더스(T. Malthus, 1766-1834)의 이론이 있다. 이 이론에서는 인구의 증가율은 현재 인구 P에 비례한다는 것이다.

$$P' = kP$$

박테리아나 야생 토끼 등의 증가도 이러한 식으로 표현할 수 있다. 방사능 붕괴도 위와 같은 식으로 표현된다. 방사능의 반감기 등을 알면 화석이나 오래된 유물의 연대를 측정할 수 있다. 뜨거운 찻잔이 서서히 식는 것도 이러한 식으로 나타난다. 이 방정식은 시신의 온도를 측정하여 사망 시각을 추정하게도 한다. 이러한 미분방정식의 해는 지수함수로 나타난다. 자연상수 e를 소중히 여기는 이유가 여기에 있다.

맬더스의 인구증가 모형은 짧은 시간 내에서는 잘 맞지만, 장시간에는 적합한 모형이 아니라는 것을 알게 되어 다른 모형들이 나오게 되었다. 그 중 가장 유명한 것이 로지스틱(logistic, 비례) 방정식

$$P' = kP(1-P)$$

이다. 이 식에서 1은 포화 상태를 의미한다. 인구 P가 작을 때에는 위 식은 $P'=kP$에 가깝지만, 인구가 증가하여 점점 포화 상태 1에 가까이 가면 인구 증가율은 점점 둔화됨을 나타낸다.

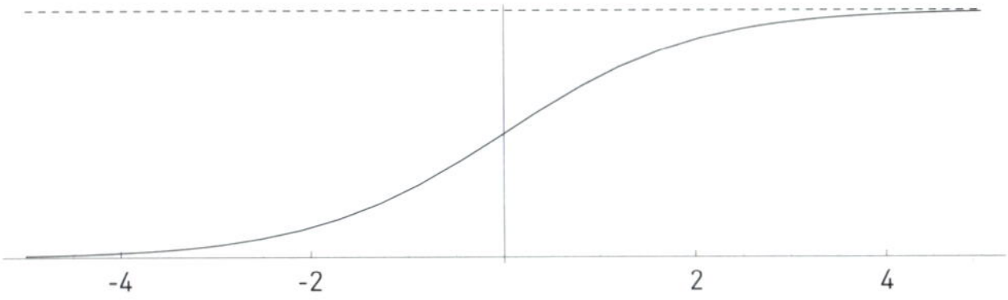

이러한 미분 방정식의 연구는 병원균에 저항하는 항체가 어떻게 생기고, 면역성을 어떻게 가지게 되는지 등을 설명하는 데 사용되기도 한다. 미분방정식은 얼룩말은 줄무늬를 가지지만 표범은 점무늬를 가지는 이유를 설명하며, 몸에는 줄무늬가 있지만 꼬리에는 점무늬가 있는 동물이 존재할 수 없는 이유도 설명한다. 사람의 얼굴에 기미나 주근깨가 생기는 현상도 미분방정식으로 풀이가 가능하다.

이러한 연구는 현대적인 컴퓨터의 모형을 만든 튜링(A. Turing, 1912－1954)에 의하여 처음으로 시도되었다.

중용 _ 산술평균, 기하평균

아침에 일어나 저울에 몸무게를 달아본다. 눈금이 흔들리지 않게 조심스럽게 올라가서 재본다. 65.2kg. 이상하다, 지난주보다 더 많이 나가다니. 다시 올라가 잘 재본다. 64.9kg. 그렇지 아까는 좀 흔들렸던거야. 다시 한번 더 확인해 봐야지. 65.1kg. 실험에는 다양한 원인으로 오차가 있다. 이럴 때 결론을 내는 좋은 방법은 평균값을 구하는 것이다.

대량의 자료가 있을 때 이를 분석하는 일은 쉽지 않다. 그런 경우

- 자료의 범위, 즉, 최대값이나 최소값
- 자료의 평균

을 아는 것이 전체를 이해하는 중요한 기법이다.

기체의 운동을 이해하려 할 때, 수많은 기체 분자 개개의 운동을 이해하고 거기에서 어떻게 열이 발생하며, 압력이 변화하는가 등을 설명하는 것보다 전체의 평균적인 행동을 이해하는 것이 더욱 기체 운동을 잘 설명한다.

평균의 대표적인 보기가 물질의 '무게 중심'이다. 뉴턴이 행성들 사이의 중력을 계산하면서 고심했던 부분 중 하나가, 두 행성 사이의 중력은 각 행성의 무게 중심 사이의 중력과 마찬가지라는 것을 밝히는 것이었다.

두 점의 평균은 두 점을 연결하는 선분의 중점이다. 세 점의 평균은 처음 두 점의 평균점과 나머지 한 점을 연결한 성분을 1:2로 내분한 점이다.

퀴즈 8

삼각형의 무게 중심은 꼭지점과 밑변의 중점을 연결한 '중선'의 1/3 높이에 있다. 이 중점을 지나 밑변과 나란한 선으로 삼각형을 잘라 두 조각을 내면 어느 쪽이 무거울까? (해답 209쪽)

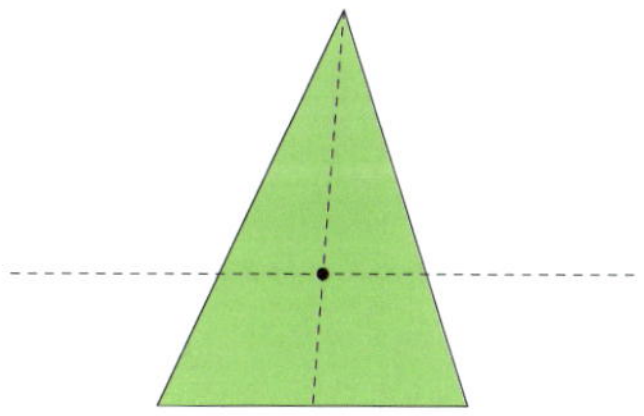

기하평균

어떤 나라의 전년도 대비 경제 성장율이 첫 해에는 4%, 두번째 해에는 9%였다고 하면 평균적으로 매년 몇 %씩 증가하였을까? 이러한 경우에는 4%와 9%의 산술평균인 6.5%이 답이 아니고, 6.47%가 답이 된다. 평균이라는 말은 상황에 따라 여러 가지로 다르게 쓰인다.

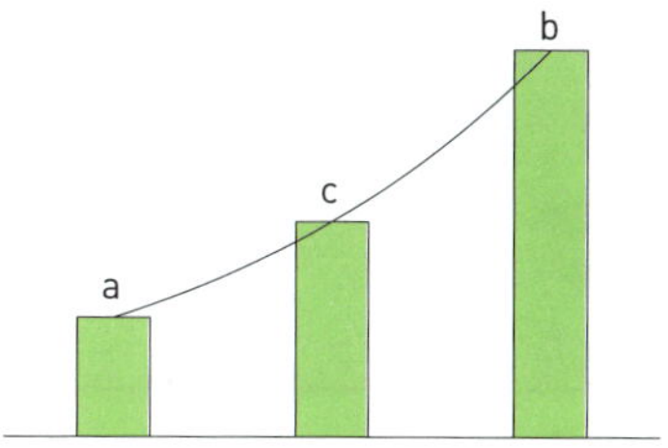

기하평균: a가 팽창한 비율로 c가 팽창하여 b가 될 때, c를 a와 b의 기하평균이라 한다.

기하평균이란 직사각형과 넓이가 같은 정사각형을 뜻한다. 대수적으로 말하면 가로와 세로의 길이가 각각 a, b인 직사각형의 넓이와 같은 정사각형의 한 변의 길이인

$$\sqrt{ab}$$

가 바로 a, b의 기하평균이다.

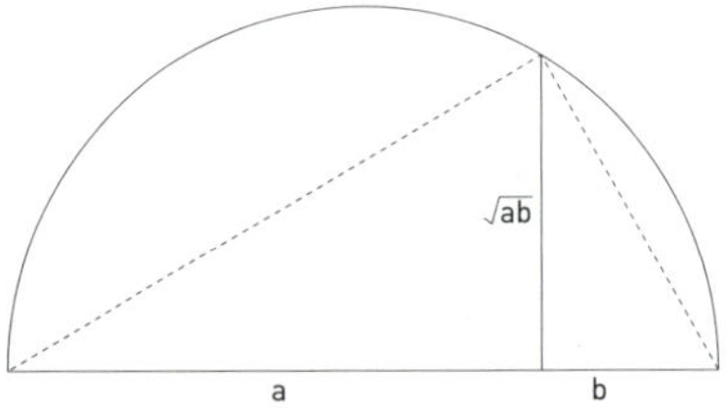

기하평균은 산술평균보다 작거나 같다.

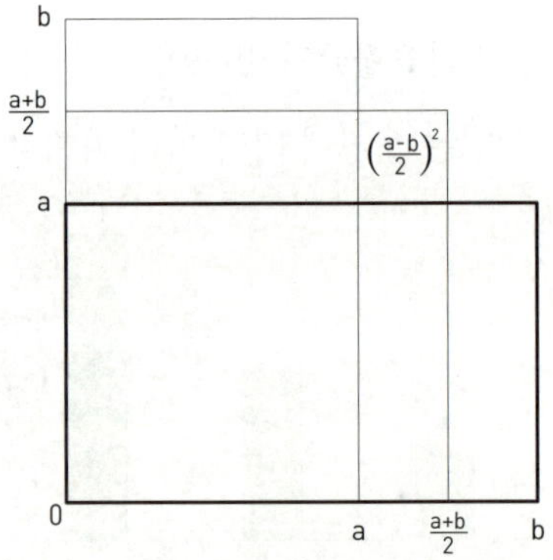

$$\sqrt{ab} \le \frac{a+b}{2} \qquad (7)$$

앞의 그림은 가로-세로가 a-b인 직사각형의 넓이보다 한 변의 길이가 그들의 산술평균인 $\frac{a+b}{2}$를 한변의 길이로 하는 정사각형의 넓이가 $\frac{(a-b)^2}{2}$만큼 크다는 것을 말해준다. a와 b의 기하평균은 a-b직사각형과 넓이가 같은 정사각형의 한 변의 길이이므로 기하평균값은 산술평균값보다 작아야 하고, 그것이 바로 부등식 (7)이다.

100미터짜리 줄로 땅에 경계를 직사각형으로 지어 그 넓이가 최대로 되게 하려면 어떻게 하면 될까? 가로 10미터 세로 40미터로 하

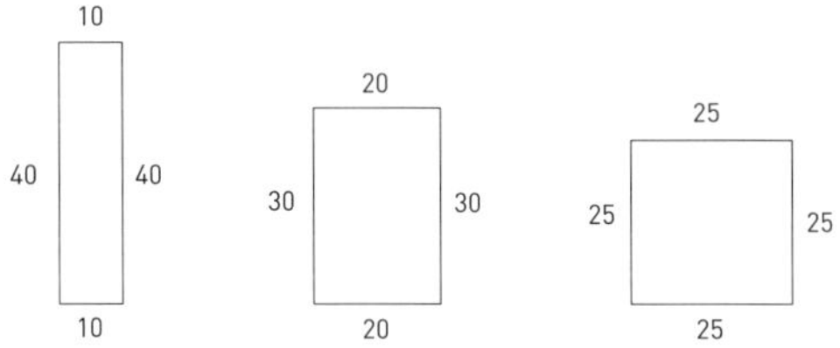

면 그 넓이가 400평방미터가 된다. 가로 20미터 세로 30미터로 하면 그 넓이는 600평방미터가 된다. 여러 가지 실험을 하여 가로 25미터 세로 25미터로 하는 것이 그 넓이가 625평방미터로 최대일 것 같다는 생각을 할 수 있다.

기하평균과 산술평균 사이의 부등식(7)은 둘레가 일정할 때에 정

사각형의 넓이가 가장 크다는 것을 말해준다.

기하평균의 개념은 삼차원 또는 그 이상에서도 적용되는데, 삼차원에서는 직육면체와 같은 부피를 가지는 정육면체를 뜻한다. 대수적으로는 a, b, c의 기하평균은 $\sqrt[3]{abc}$ 이다.

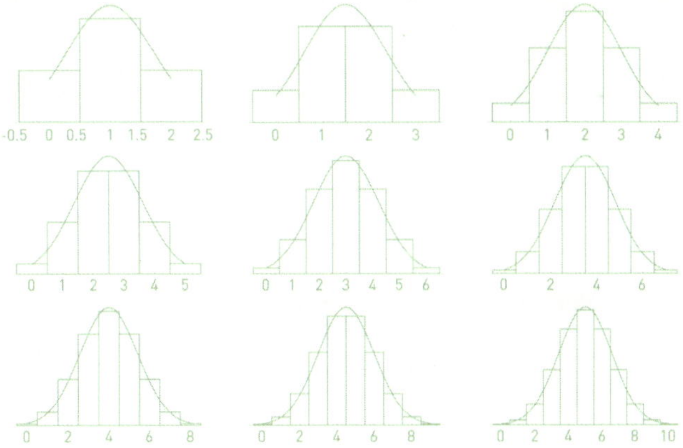
-0.5 0 0.5 1 1.5 2 2.5
0 1 2 3
0 1 2 3 4
0 1 2 3 4 5
0 1 2 3 4 5 6
0 2 4 6
0 2 4 6 8
0 2 4 6 8
0 2 4 6 8 10

주님의 뜻_ 확률

원자의 구조를 알기 위하여 많은 노력을 한 결과, 전자는 하나의 알갱이라기보다 마치 구름처럼 원자핵 주위로 퍼져 있다는 것이 알려졌다. 그리고 전자의 위치나 상태를 서술하려면 확률적으로 말하는 것이 더욱 바르다는 것을 알게 되었다. 이러한 생각이 20세기에 크게 발전한 양자역학에서 다루는 것이다. 현재는 물질의 근본은 아주 작은 고리들로서 이들이 '진동'하여 여러 가지 현상이 나타난다는 끈이론(string theory)이 유행하고 있다.

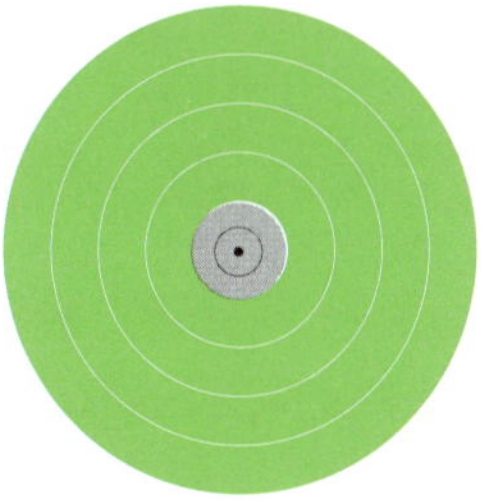

우리나라의 양궁 실력은 세계 최고이다. 우리가 과녁을 향하여 화살을 쏘았을 때, 과녁에 맞지 않고 과녁 근방의 다른 점이 맞을 확률은 얼마나 될까?

독일의 가우스(K. Gauss, 1777－1855)는 여러 가지 실험을 할 때, 오차가 얼마나 될까에 관한 연구를 하여 그 결과를 발표하였는데 이를 오차의 법칙(law of errors)이라 부른다. 가우스가 설명한 오차의 법칙을 일반 사람들이 잘 이해하지 못하여, 전자기 방정식을 발견한 것으로 유명한 영국의 맥스웰(J. Maxwell, 1831－1879)은 이를 다른 방법으로 설명하였다.

편의상 과녁에 데카르트가 말한 대로 직교 좌표계를 도입하여 과녁의 중심을 원점으로 하기로 하자. 원점을 겨냥하여 활을 쏘았을 때, 점 $(x,\ y)$에 정확하게 화살이 맞을 확률은 영이라고 보는 것이 적합하다. 원점 주위에 점들이 무수히 많이 있고, 이상적인 점의 크기는 영이고, 화살촉은 뾰족하기 때문이다. 그러므로 점 $(x,\ y)$에 화살이 맞을 확률보다는 점 $(x,\ y)$의 근방에 가로가 Δx이고 세로가 Δy인 직사각형 속에 화살이 들어갈 확률을 생각하는 것이 좋다.[45] 이 확률을

$$P(x,\ y,\ \Delta x,\ \Delta y)$$

45 그리스 문자 Δ는 "델타"라고 읽는데, 로마자 D에 해당하는 문자이다. Δ는 주로 변화량을 나타낼 때 사용한다.

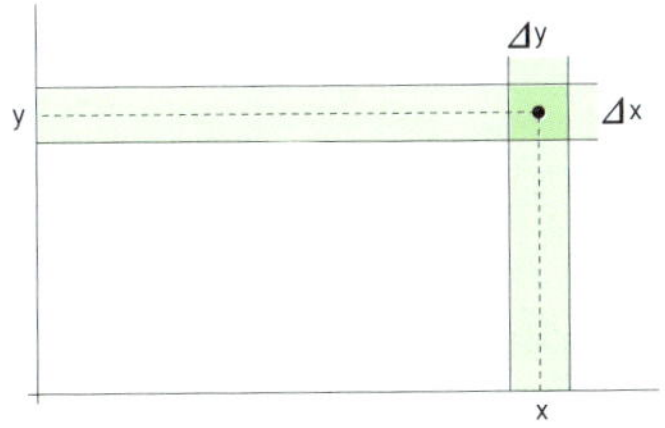

라고 하자.

이 확률은 (x, y) 점에서 폭이 Δx인 띠 속에 화살이 놓일 확률과 폭이 Δy인 띠 속에 화살이 놓일 확률을 곱한 것과 마찬가지이다.

$$P(x, y, \Delta x, \Delta y) = P(x, \Delta x) \times P(y, \Delta y)$$

이때 Δx가 넓으면 넓을수록 화살이 x점 근방에 떨어질 확률이 크다는 것은 분명하다. 우리는 자연스럽게 $P(x, \Delta x)$가 Δx에 비례한다고 볼 수 있다. 이때 비례상수는 물론 x의 위치에 따라 바뀔 수 있지만 원점에서의 거리(또는 제곱거리)에만 의존한다.

$$P(x, \Delta x) = f(x^2)\Delta x.$$

마찬가지로

$$P(y, \Delta y) = f(y^2)\Delta y$$

이므로

$$P(x,\ y,\ \Delta x,\ \Delta y)=f(x^2)f(y^2)\Delta x\Delta y \qquad (8)$$

라는 식을 얻는다.

한편, 좌표계라는 것은 인위적이므로 새로운 좌표계에 대해서도 같은 식이 성립하여야 한다. 특히 원점은 그대로 두고, 좌표축 하나가 점(x,y)를 지나도록 잡으면, 원점에서 점 (x,y)까지의 거리가 피타고라스 정리 덕분에 $\sqrt{x^2+y^2}$이므로,

$$P(x,\ y,\ \Delta x,\ \Delta y)=f(x^2+y^2)f(0)\Delta x\Delta y \qquad (9)$$

임을 안다. 그러므로, 식 (8)과 식 (9)에서

$$f(x^2)f(y^2)=f(x^2+y^2)f(0)$$

을 얻는다. 여기에서

$$g(x^2):=f(x^2)/f(0)$$

으로 두면

$$g(x^2)g(y^2)=g(x^2+y^2)$$

라는 성질을 얻는다. 이것은 바로 지수함수의 고유한 특징이다.그러므로 $g(x^2)=a^{x^2}$이고, 따라서

$$f(x^2)=ca^{x^2}$$

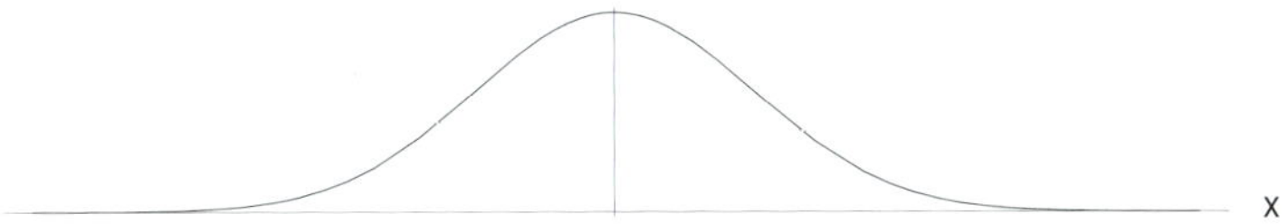

가우스의 정규분포 곡선 $y=ca^{x^2}$ 은 원점을 향하여 던진 화살이 원점 근방에 떨어질 확률을 알려준다.

을 얻는다. 여기에서 $c=f(0)$이고, 원점에서 멀어질수록 확률이 작아지므로 $0<a<1$ 이다.

실험값과 참값

우리가 실험을 통하여 어떠한 양을 n번 측정한 근사값으로

$$x_1,\ x_2,\ \cdots,\ x_n$$

을 얻었다고 하자. 참값 x는 알 수 없지만 과연 어떤 값이 참값이라고 주장하여야 그 오차가 가장 작을까? 앞에서 살펴보았듯이 x라는 참값을 향하여 측정한 값이 x_1근방일 확률은 $a^{(x_1-x)^2}$에 비례한다. 측정한 값이 $x_2, \cdots, x_n$일 때에도 마찬가지이므로, 측정값 $x_1, \cdots, x_n$을 모두 얻을 확률은

$$a^{(x_1-x)^2}\times\cdots\times a^{(x_n-x)^2}=a^{(x_1-x)^2+\cdots+(x_n-x)^2}$$

에 비례한다. 여기에서 $0<a<1$이므로, 이 값이 최대가 되려면 (즉, 우리가 주장하는 참값 x가 가장 정확하려면)

$$(x_1 - x)^2 + \cdots + (x_n - x)^2$$

가 최소일 때이고, 따라서 x는 $x_1, \cdots, x_n$의 평균값이다.[46] 우리가 여러 번 실험한 값들의 산술평균을 구하는 것이 정당하다는 설명이다.

파스칼의 삼각형

가우스의 곡선을 정규분포곡선이라고도 부르는데, 동전을 여러 번 던졌을 때 앞면이 나타나는 횟수를 그린 곡선과 비슷하다.

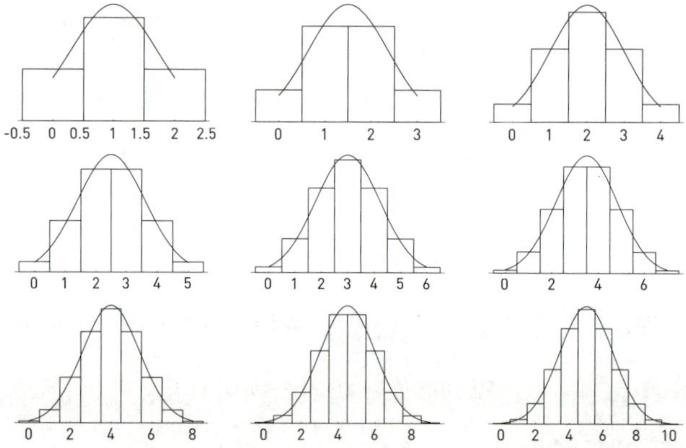

46 이차함수

$$ax^2 + bx + c \quad (a > 0)$$

는 $x = -\frac{b}{2a}$일 때 가장 작아진다. 그 이유는 위 함수가

$$a\left(x + \frac{b}{2a}\right)^2 - \frac{b^2}{4a} + c$$

와 같고, 제곱항이 영일 때 최소가 되기 때문이다.

동전을 던졌을 때 앞면이 나오는 수는 '파스칼(B. Pascal, 1623-1662)의 삼각형' 이라 부르는 수표에 잘 나타나 있다.

1
1 1
1 2 1
1 3 3 1
1 4 6 4 1
1 5 10 10 5 1
1 6 15 20 15 6 1
1 7 21 35 35 21 7 1
1 8 28 56 70 56 28 8 1
1 9 36 84 126 126 84 36 9 1

이러한 표는 중국에서는 '양휘 삼각형' 이라고 부르는데 이는 양휘(楊輝)가 쓴 『상해구장산법』(詳解九章算法, 1261년)과 주세걸(朱世傑)이 쓴 『사원옥감』(四元玉鑑, 1303년)에도 나온다. 파스칼의 삼각형에서 각 행의 수는 그 윗 행의 두 수를 더하여 얻어진다. 예를 들어 여덟 번째 행이 뜻하는 것은 여덟 개의 동전을 $2^8 = 256$회 던졌을 때, 앞면이 하나도 안 나오는 경우가 1회, 앞면이 한 번 나오는 경우가 8회, 앞면이 두 번 나오는 경우가 28회, 앞면이 세 번 나오는 경우가 56회, 앞면이 네 번 나오는 경우가 70회, 앞면이 다섯 번 나오는 경우가 56회, 앞면이 여섯 번 나오는 경우가 28회, 앞면이 일곱 번 나오는 경우가 8회, 그리고 모두 다 앞면이 나오는 경우가 1회 정도라는 뜻이다.

다음 그림은 30층짜리와 63층짜리 파스칼 삼각형을 홀수는 1로 짝수는 빈칸(   )으로 표시한 것이다.

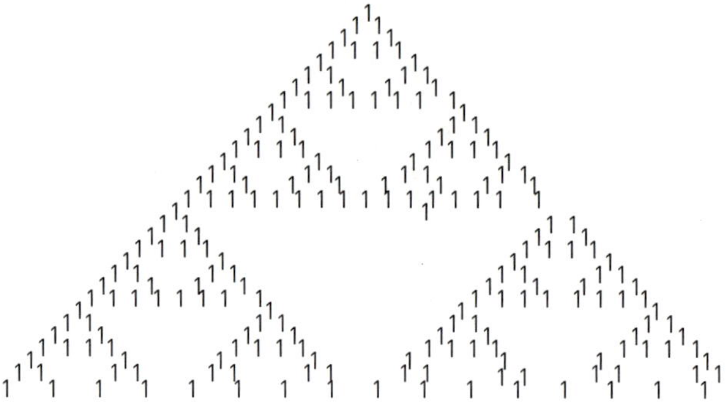

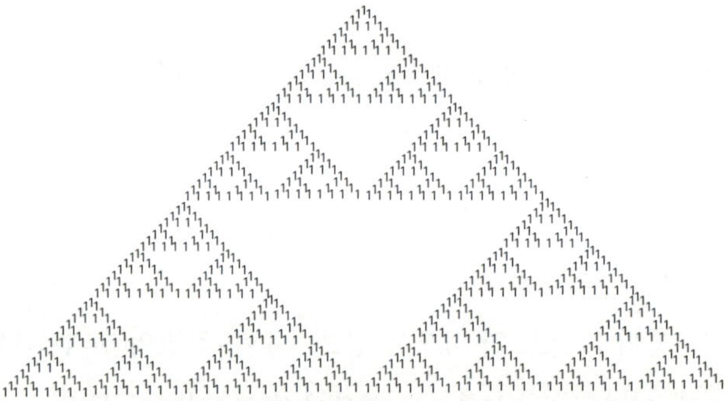

위의 그림은 정확한 규칙을 통하여 얻은 그림이지만, 이제 우연의 일치로 이러한 그림을 얻는 방법을 소개한다.

평면에 네 점 A, B, C, X를 찍은 다음, X 위치에서 주사위를 던져 1 또는 2가 나오면 점 A쪽으로 반만큼 가서 점을 찍고, 3 또는 4가 나

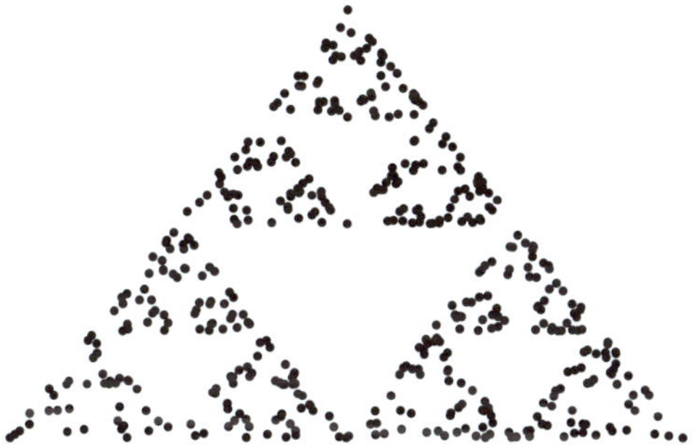

오면 점 B쪽으로 반만큼 가서 점을 찍고, 5 또는 6이 나오면 점 C쪽으로 반만큼 가서 점을 찍는다. 이제 이 새로운 점을 X로 삼아 다시 주사위를 던져, 나온 눈에 따라 A, B 또는 C방향으로 반만큼 간다. 위 그림은 이런 과정을 400번 시행하여 얻은 그림이다.

우연과 필연은 멀리 떨어져 있는 것이 아니다. 20세기 후반에 수학자들과 과학자들은 카오스 현상을 더욱 많이 이해하게 되었는데, 이것은 뉴턴 이후 유행하던 '현재를 알면 미래를 안다' 는 결정론과 '현재를 알 수 없다' 는 하이젠베르크의 불확정성원리 등에서 '현재를 알아도 미래를 예측하기 어렵다' 는 새로운 생각으로의 발전 과정이라 할 수 있다.

유클리드가 열세 권의 책을 쓰면서 제1권에서 가장 자명한 원리 다섯 가지를 나열하였는데, 그 처음이 '이것과 저것이 그것과 같으면, 이것과 그것은 같다' 는 같음에 관한 것이었고, 마지막인 다섯 번

째로 자명하다고 한 것이

전체는 부분보다 크다

는 것이었다.

이러한 생각은 몇천 년 동안 받아들여온 것이었지만, 19세기 말 독일의 칸토르는

전체와 부분이 같은 것을 무한이라 한다.

하며 기존의 생각을 발전시켰다.

최근에는 다시 '부분을 이해함으로써 전체를 알 수 있다' 는 생각이 쇠퇴하고

'전체는 부분의 합 이상'

이라는 생각이 과학과 사회에 유행하고 있다. 탄소, 수소, 산소 각각은 달지 않지만 설탕($C_{12}H_{22}O_{11}$)이 단 맛을 가지는 것은 전체가 어울려져 새로운 창발 현상이 나타나기 때문이다.

깸_ 기계

앞으로 기계는 점점 진화하여 새로운 종으로 자리를 확보하게 될 것 같다.

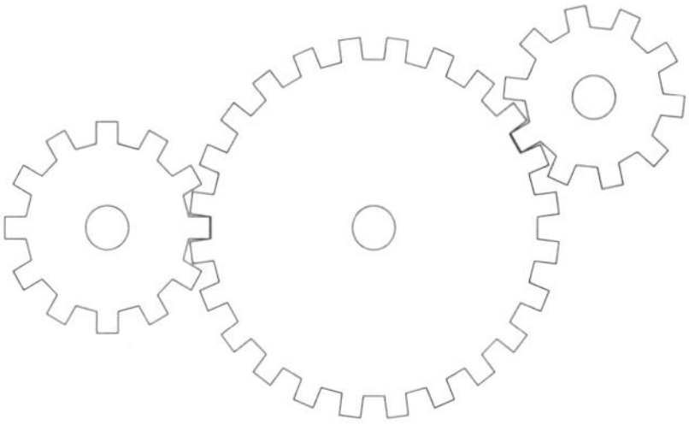

먼저 기계의 간단한 작동을 살펴보기로 하자. 여러 가지 차를 파는 자동판매기에서 커피 한 잔을 빼내어 마시려면 어떠한 순서가 필요할까?

- 자동판매기가 작동하는지를 확인한다.

- 원하는 제품의 가격이 얼마인지 확인하고, 가진 돈이 충분한지 본다. 지폐만 가지고 있는 경우에는 자동판매기가 거스름을 내어주는지 확인한다.
- 알맞은 금액을 넣고 설탕, 프림 등을 선택하여 원하는 단추를 누른다.
- 자동판매기는 종이컵을 내어놓고 이어서 커피, 프림, 설탕, 더운 물을 공급한다. 이 동안 작업중임을 알리는 신호등을 켠다.
- 작업이 완료되면 신호등이 꺼진다. 거스름을 내주어야 할 경우에는 거슬러준다.
- 사용자는 완성품을 꺼낸다.
- 너무 뜨겁지는 않은지 조심하면서 천천히 즐긴다.
- 다 마신 후에는 종이컵을 재활용품 모으는 곳으로 보낸다.

여기에서는 차 한 잔을 마시는 과정을 자동판매기와 사용자 모두의 입장에서 살펴보았다.

자동판매기가 제대로 작동하기 위해서는, 커피 가루나 설탕 또는 물 등의 재료가 떨어졌을 때 판매를 중지하여야 하고, 동전을 계속해서 집어넣는 사람이 있는 경우에도 대비해야 한다. 자동판매기는 사용자가 어린이이거나 노인이거나 차별하지 않아야 하고, 그들이 기쁠 때나 슬플 때나 한결같이 원하는 대로 제품을 내어주어야 한다. 바른 금액을 받았을 때 말이다.

자동판매기의 모양이나 색깔이 어떻게 생겼는지는 부수적인 것이지 본질적인 것은 아니다.

계산기가 1+2의 값으로, 날이 맑을 때에는 3이라 답하고 날이 흐릴 때에는 4라고 답한다면 그것은 바른 계산기라고 말할 수 없다. 기계가 임무를 완성하기 위해서는 같은 입력에 같은 출력을 하여야 한다.[47]

엘리베이터가 작동하는 과정은 어떻게 될까? 여러 대의 엘리베이터가 있는 경우에는 어떤가?

모든 기계에는 그것이 바르게 작동하도록 공통으로 들어 있는 '논리적 과정'이 있다. 이러한 과정을 '알고리즘'이라고 부른다.[48]

- 알고리즘 : 사용하는 주체와 상관없이 항상 일정한 결과를 내는 논리적 과정

요즈음 생물학자 중에는 생물을 '유전자가 자기 유지와 복제를

47 임무를 망각하고 아무렇게나 행동하는 기계(?)는 다루지 않기로 한다.

48 알고리즘은 '튜링 기계', '프로그램', '생각', '헤아림', '셈', '계산', 이성(理性)' 등과 비슷한 말이다. 알고리즘(algorithm)이라는 단어는 서기 820년에 0을 사용하는 인도 숫자와 계산법에 대한 책을 쓴 페르시아의 수학자 '아부 자파르 모하메드 이븐 무사 알코와리즘'(코와리즘이라는 마을에서 온 무사의 아들이고 자파르의 아버지인 모하메드라는 뜻)에서 유래하였다. 그의 책은 12세기에 라틴어로 번역되었고, 이때부터 유럽의 석학들에게 인도-아라비아 숫자가 널리 알려지게 되었다.

앨런 튜링

위해서 알고리즘에 따라 움직이는 것'으로 보는 이도 있다. 다윈의 '자연 선택(natural selection)'을 목적성 없는 알고리즘으로 풀이하기도 한다.

어떤 학자들은 기계와 사람의 차이를 디지털과 아날로그의 차이로 해석하기도 한다. 디지털에는 자연수처럼 '다음 단계'가 있지만 '아날로그'에는 실수처럼 '다음 단계'가 없다.

영국의 수학자 튜링(Alan Turing, 1912－1954)은 1950년에 Mind라는 학술지에 "Computing Machinery and Intelligence"라는 제목의 논문을 실었다. 이 논문의 제1장 "모방게임(The Imitation Game)"은 다음과 같이 시작한다.

> I propose to consider the question, 'Can Machines Think?' This should begin with definitions of the meaning of the terms 'machine' and 'think'.[49]

49 나는 '기계가 생각할 수 있을까?' 라는 질문을 고찰하기를 제안한다. 이러한 제안을 하려면 '기계'와 '생각'이라는 용어의 의미를 먼저 정의하여야 한다.

모방게임은 요즈음 TV에서 가끔 볼 수 있는 '진실게임' 과 비슷한 것이다. 모방게임은 다음과 같이 한다.

> 커튼 뒤에 남자와 여자가 숨어 있다. 게임 참가자는 커튼 뒤에 숨어 있는 사람과 여러 가지 질문을 주고받아 누가 여자인지를 알아내는 것이 게임의 목적이다. 참가자의 성별은 중요하지 않다. 이때 커튼 뒤의 여자는 자신이 여자인 것을 알리기 위하여 최선을 다하고, 남자는 자신이 여자인 것처럼 가장한다. 모든 질문은 키보드와 화면을 통하여 주고받는다.

모방게임에서 남자는 자신은 머리를 길게 기르고 손톱은 물들였으며, 입술에는 랑콤 립스틱을 사용한다고 말한다. 여자는 저쪽 사람은 남자이니 그가 하는 말은 믿지 말고 내가 하는 말을 들으라고 한다. 튜링은 기계가 생각한다는 것을 다음과 같이 정의하였다.

> 모방게임에서 기계가 남자의 역할을 대신하였을 때, 참가자가 기계를 여자로 판정하는 경우가 많이 생기면, 그 기계는 생각한다고 하자.

튜링은 대학에 다닐 때 '옳고 그름을 판정할 수 있는 효과적인 방법' 을 설명하라는 힐버트(D. Hilbert)의 '판정문제(Entscheidungs problem, decision problem)' 에 관한 이야기를 수업시간에 듣고, '기계(의 논리적 과정)', 다시 말해서, '셈' 에 대한 개념을 처음으로 확립하였다. 이러한 개념이 현대적인 컴퓨터를 탄생하게 하였다.

튜링 기계

튜링이 생각한 기계는 '내부상태' 와 '입출력 문자', 그리고 '작동지침' 으로 이루어져 있다.

예를 들어 자동판매기의 경우를 보자. 자동판매기가 커피, 설탕, 프림, 잔돈 등을 준비하고 있는 상태라면 알맞은 금액이 들어올 때 알맞은 제품을 내어놓는다. 그리고 자신을 다시 점검하여 새로운 상태로 바뀐다.

배가 고픈 상태에 있을 때, 맛있는 음식이 들어오면, 내 육신의 상태는 배부름으로 바뀌고, 소화시키고, 기체나 액체 등으로 배설하며, 영화 보러 갈까? 등의 새로운 생각을 하게 된다.

$$\begin{array}{rr} & \dot{2}\,\dot{4}\,6 \\ + & 7\,8\,9 \\ \hline & 1\,0\,3\,5 \end{array}$$

'246+789' 라는 셈을 하려면 어떻게 할까? 이러한 셈을 하기 위해서는 입출력을 위하여 '10진법에 사용하는 문자와 더하기 기호' 가 필요하다. 셈의 내부에서는 '한 자리 올려 점 하나 찍기' 등의 상태가 있다. 앞의 셈 표에는 몇 개의 문자가 사용됐을까?

셈을 위해서는 커다란 종이가 필요할 수도 있고, 다양한 문자 체계가 필요할 수 있겠지만, 튜링은 가장 간단한 경우의 기계 장치를 생각하였다.[50]

튜링의 기계 장치는 기다란 테이프로 이루어져 있다. 이 테이프는 일정한 크기의 칸(cell)으로 이루어져 있다. 그 중에는 기준이 되는 칸이 하나 있다.

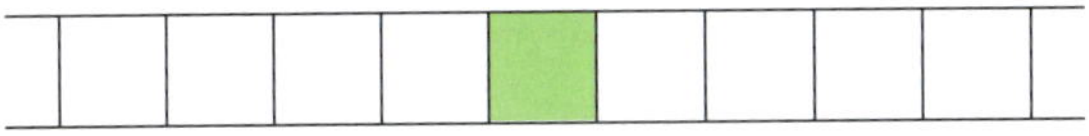

입력을 위해서는 각 칸에 한 문자씩 적어 넣는다. 예를 들어 '커피' 라고 입력한다면, 다음과 같이 된다.

'한글' 에서 사용하는 글자는 몇 개나 될까? 우리가 보통 '글자 한 자' 라고 말하는 것에는 몇 가지가 있을까? 한글 사전을 보면 초성에 사용하는 자음이 옛 글을 포함하면 놀랍게도 37자이고, 종성에 사용하는 자음은 30자이다. 이 중에 20자가 중복 사용되고 있으므

50 이 생각으로 인하여 현대적인 컴퓨터가 탄생되었다. 튜링이 살던 시대에는 컴퓨터(computer)란 '계산을 전문적으로 하는 사람' 이라는 뜻이었다. 그러다가 전기를 이용하는 '전자 컴퓨터' 라는 말이 사용되었고, '계산을 전문적으로 하는 사람' 이 사라지자, '전자' 라는 형용사도 사라지게 되었다.

로, 모두 합하면 자음의 개수는

$$37+30-20=47$$

이다. (중복된 20자 가운데에는 '소리 없음'을 나타내는 자가 있다. 그것은 '없음'을 나타내는 인도-아라비아 숫자와 같은 모양을 하고 있다.) 또 모음이 사용되는 중성에는 25자가 있다. 그러므로 이들을 모두 이용한 한글의 개수는 $37 \times 25 \times 30 = 27750$(자)이다.[51]

'한글 자모'를 '열일곱 개의 자음과 천지인 세 개의 모음'으로 이루어진 집합으로 이해하면 한글은 '20진법'에 기초하였다고 볼 수도 있다. '한국어'는 '한글'을 조합하여 얻은 것이다. 영어는 스물여섯 개의 기호 'a, b, c,…'로 이루어진 알파벳을 조합하여 얻은 것이고, 손가락 다섯 개면 스무 가지 신호는 물론 서른두 가지 또는 그 이상의 신호를 표현할 수 있다. '백(百)'이라는 수를 나타내기 위하

51 세종대왕 25년(1443)에 창제된 훈민정음(訓民正音)은 스물여덟 자(자음 열일곱 자, 모음 열한 자)로 이루어져 있다고 사람들은 말한다. 나중에는 자음 세 자와 모음 한 자가 사용되지 않고, 주시경 선생께서 이름 지은 '한글'의 자모는 스물네 자(열네 개의 자음과 열 개의 모음)라고 말하곤 한다. 국립국어연구원에서 1995년에 보완하여 공포한 『한국 어문 규정집』에도 한글 자모는 스물네 자라고 되어 있다. 그러나, 실제로 '한국어'를 사전에 싣기 위하여 자모의 순서를 생각하여 보면 그 개수는 분명하지 않다.

여 하나의 문자 ○만을 사용하는 1진법의 경우에는 '백' 을 그림과 같이 백 개의 ○로 나타낸다.

하지만 10진법을 사용하는 인도-아라비아 숫자로는 단지

100

으로 나타내고, '한글' 에서는

ㅂ ㅐ ㄱ

으로 나타낸다. 앞으로 입출력을 위하여 사용하는 문자들을 기호라 하고, 기호들을 다 모은 집합을 알파벳, 기호들을 나열한 것을 단어라고 부르기로 하자. ('문장' 도 넓은 뜻의 '단어' 라고 본다.) 튜링의 기계가 작동하는 원리는 다음과 같다.

- 기계의 테이프에 기준 칸부터 오른쪽으로 단어를 입력한다.
- 기계를 작동시킨다.
- 기계의 두뇌는 '초기 상태' 에서 '기준 칸' 에 대기한다.
- 두뇌는 현재의 '내부 상태' 와 '현재 칸' 에 쓰여 있는 기호에 따라 '작동 지침' 을 보고 '현재 칸' 의 기호를 바꾼다. 그리고 지침대로 오른쪽 또는 왼쪽으로 이동한 다음 자신의 상태를 바꾼다.
- 기계의 상태가 '종료' 가 아니면 바로 앞의 과정을 반복한다.

- 기계의 상태가 '종료' 이면 기계는 임무를 완료하고 작업을 마친다. 이때 테이프에 최종으로 나와 있는 단어가 **출력**이다.

'작동 지침' 은 '현 상태' 와 '현 기호' 에서 '새 기호' 와 '방향(오른쪽 또는 왼쪽)' 및 '새 상태' 를 정하는 것이다. 여러 가지 진법 중 가장 간단한 진법은 2진법이다. 0(없음)과 1(있음)을 사용하는 2진법으로 백을 나타내면 1100100이고, ♣와 ♡를 사용하는 2진법으로 백을 나타내면

♡♡♣♣♡♣♣

이다.

홀짝 판정 기계

입출력 기호로 ♡만을 사용하는 기계로, 입력한 기호의 개수가 홀수인지 아니면 짝수인지를 판정하는 기계를 하나 만들어 보자. 입력이 없는 칸은 0으로 나타내기로 하자. 출력이 0이면 입력한 문자의 개수가 짝수라는 뜻이고, 출력이 ♡이면 입력한 문자의 개수가 홀수라는 뜻이다. 이 기계의 '작동 지침' 은 다음과 같다.

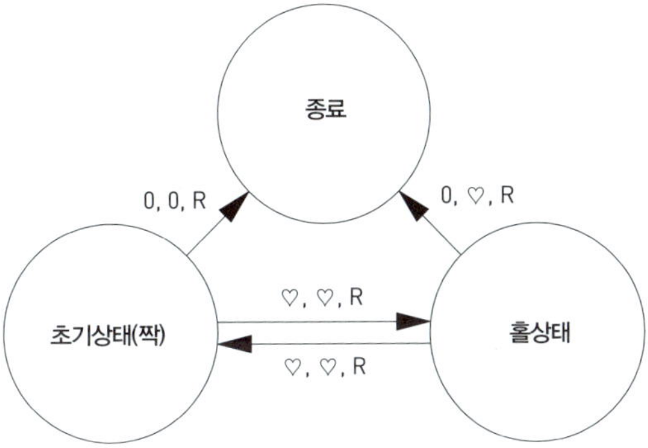

홀짝 판정기계: '오른쪽'을 R로 나타냈음

위 도표를 다음과 같이 나타낼 수도 있다.

	0	♡
초기상태	0, 오른쪽, 종료	0, 오른쪽, 홀상태
홀상태	♡, 오른쪽, 종료	0, 오른쪽, 초기상태

실제로 ♡♡♡가 입력한 단어일 때 기계가 작동하는 과정을 살펴보면 다음 쪽 그림과 같다.

기계에 입출력으로 사용하는 문자에는 여러 가지가 있을 수 있지만, 가장 간단한 방법은 0과 1 두 문자를 사용하는 것이다. 이때 1은 '칸이 차 있음'을 나타내고 0은 '칸이 비어 있음'을 나타낸다.

더하기 일

'더하기 일'이라는 기계의 목적은 입력이 n개의 점(1)일 때, $n+1$개의 점을 출력으로 내놓는 기계이다.

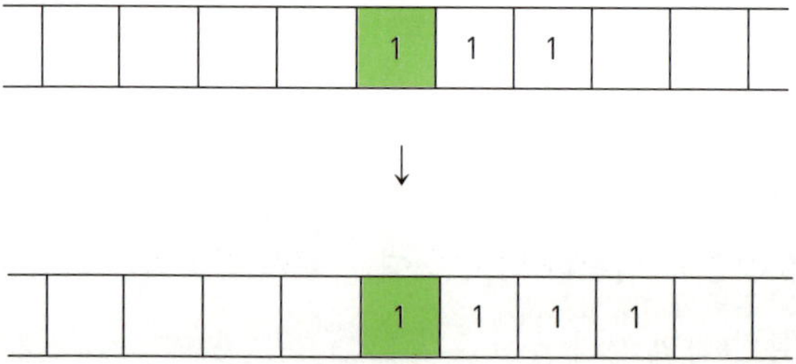

이 기계를 그림으로 나타내면 다음 쪽 그림과 같다. 백색원은 초기 상태를 뜻하고, 회색원은 종료를 나타낸다. 백색원에 쓰여 있는 1, 1, R이 뜻하는 바는 다음과 같다.

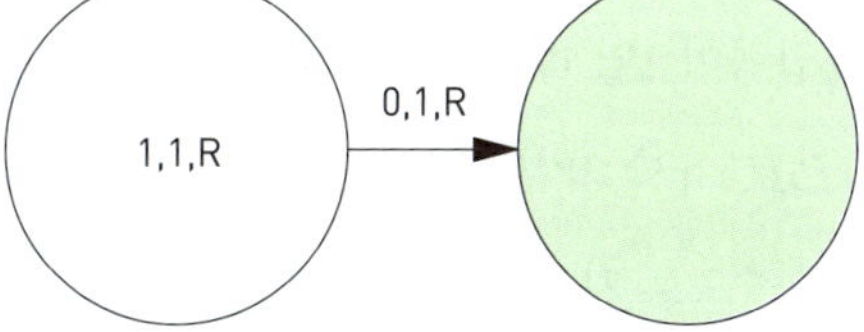

초기상태에 있을 때 점 (1)을 만나면, 그 점을 그대로 두고 (1) 오른쪽 (R)으로 이동하며, 초기상태를 유지한다.

백색원과 회색원 사이의 화살표 위에 쓰인 0, 1, R이 뜻하는 바는 다음과 같다.

초기상태일 때 빈칸 (0)을 만나면 그 칸에 1을 쓰고 오른쪽으로 이동한 다음 작업을 종료한다.

'더하기 일' 기계를 다음과 같이 표로 나타낼 수도 있다.

	0	1
초기상태	1, R, 종료	1, R, 초기상태

왼쪽(L)은 0, 오른쪽(R)은 1로 표현하고, 초기상태는 1, 종료는 0으로 나타내면, 위 도표는 간단히

110 111

로 나타낼 수 있다. 처음 1 1 0 은 입력이 0일 때의 '작동 지침' 이고, 나머지 1 1 1 은 입력이 1일 때의 작동 지침이다. 처음 1 1 0 은 1을 쓰고, 오른쪽(1)으로 가서 작업 종료(0)한다는 뜻이다. 마지막 1 1 1 은 1을 쓰고 오른쪽으로 가서 초기상태(1)를 유지한다는 뜻이다.

이러한 원리를 이해하고 나면 '더하기 2' 기계를 서술하는 것도 어렵지 않다.

더하기 기계

편의상 사용하는 문자는 1과 빈칸을 나타내는 0만인 것으로 하자. 이러한 경우에 2+3을 위하여 입력을 다음과 같이 한다.

				1	1		1	1	1		

더하기 기계는 처음 빈칸이 나올 때까지 오른쪽으로 전진하다가 그 빈칸을 1로 바꾸고 마지막 1을 없애는 것으로 임무를 완료한다.

				1	1	1	1	1			

더하기 기계가 제대로 작동하도록 '작동 지침' 을 세워 보자.

	0	1
초기상태	1, 오른쪽, 다음상태	1, 오른쪽, 초기상태

다음상태	0, 왼쪽, 그다음상태	1, 오른쪽, 다음상태
그다음상태	0, 오른쪽, 종료	0, 오른쪽, 종료

이 기계에서 초기상태를 1, 다음상태를 2, 그다음상태를 3, 종료를 0으로 나타내고, 오른쪽을 1, 왼쪽을 0으로 나타내면, 다음과 같은 행렬을 얻는다.

1, 1, 2,   1, 1, 1
0, 0, 3,   1, 1, 2
0, 1, 0,   0, 1, 0

더 간단히 표현하면 더하기 기계는 수열

1, 1, 2, 1, 1, 1,   0, 0, 3, 1, 1, 2,   0, 1, 0, 0, 1, 0

로 나타낼 수 있다.

이와 같은 방법을 이용하면 모든 기계를 다 나타낼 수 있다. 기계는 (유한) 수열이다.[52]

52 괴델(K.Gödel)의 아이디어를 따르면 영 이상의 자연수의 유한 수열은 자연수 하나로 대체할 수 있다. 우선, 소수(素數)를 차례로 나열한 것을 p_1, p_2, … 으로 나타내자. 즉, $p_1=2$, $p_2=3$, $p_3=5$, $p_4=7$, $p_5=11$, $p_6=13$, … 로 두자. 이때, 영 이상의 정수로 이루어진 수열 $k=(k_1, k_2, \ldots, k_n)$을 자연수 쌍

$$(n, p_1^{k1}\cdot p_2^{k2}\cdots p_n^{kn})$$

에 대응시킬 수 있고, 이 쌍은 다시 자연수 하나에 대응시킬 수 있다.

단세포 기계

두 기호 0, 1을 사용하고, 하나의 상태를 가지는 기계를 단세포 기계라고 부르자. 단세포 기계는 길이가 6인 0과 1의 수열로 표현된다. 단세포 기계의 가짓수는

$$2^6 = 64$$

(0,0,0,0,0,0),	(0,0,0,0,0,1),	(0,0,0,0,1,0),	(0,0,0,0,1,1),
(0,0,0,1,0,0),	(0,0,0,1,0,1),	(0,0,0,1,1,0),	(0,0,0,1,1,1),
(0,0,1,0,0,0),	(0,0,1,0,0,1),	(0,0,1,0,1,0),	(0,0,1,0,1,1),
(0,0,1,1,0,0),	(0,0,1,1,0,1),	(0,0,1,1,1,0),	(0,0,1,1,1,1),
(0,1,0,0,0,0),	(0,1,0,0,0,1),	(0,1,0,0,1,0),	(0,1,0,0,1,1),
(0,1,0,1,0,0),	(0,1,0,1,0,1),	(0,1,0,1,1,0),	(0,1,0,1,1,1),
(0,1,1,0,0,0),	(0,1,1,0,0,1),	(0,1,1,0,1,0),	(0,1,1,0,1,1),
(0,1,1,1,0,0),	(0,1,1,1,0,1),	(0,1,1,1,1,0),	(0,1,1,1,1,1),
(1,0,0,0,0,0),	(1,0,0,0,0,1),	(1,0,0,0,1,0),	(1,0,0,0,1,1),
(1,0,0,1,0,0),	(1,0,0,1,0,1),	(1,0,0,1,1,0),	(1,0,0,1,1,1),
(1,0,1,0,0,0),	(1,0,1,0,0,1),	(1,0,1,0,1,0)	(1,0,1,0,1,1)
(1,0,1,1,0,0),	(1,0,1,1,0,1),	(1,0,1,1,1,0),	(1,0,1,1,1,1),
(1,1,0,0,0,0),	(1,1,0,0,0,1),	(1,1,0,0,1,0),	(1,1,0,0,1,1),
(1,1,0,1,0,0),	(1,1,0,1,0,1),	(1,1,0,1,1,0),	(1,1,0,1,1,1),
(1,1,1,0,0,0),	(1,1,1,0,0,1),	(1,1,1,0,1,0),	(1,1,1,0,1,1),
(1,1,1,1,0,0),	(1,1,1,1,0,1),	(1,1,1,1,1,0),	(1,1,1,1,1,1)

이다. 이 수는 네 개의 문자 A, C, G, T에서 중복을 허용하여 세 개를 순서대로 뽑아내는 가짓수와 마찬가지이다. 8괘 한쌍을 만들 수

있는 가짓수와도 마찬가지이며, 단세포 기계를 모두 나열하면 앞의 그림과 같다.

일반 기계

일반적으로 두 개의 기호를 사용하고, 상태의 가짓수가 n인 기계는 정의역이

$$\{1, 2, 3, \cdots, n\} \times \{0, 1\}$$

이고 치역이

$$\{0, 1\} \times \{\leftarrow, \rightarrow\} \times \{0, 1, 2, 3, \cdots, n\}$$

인 함수와 마찬가지이다. 이러한 n-상태 기계의 가짓수는 치역의 원소 개수를 정의역의 원소 개수만큼 거듭제곱한

$$(4(n+1))^{2n}$$

이다. 예를 들어 2-상태 기계의 가짓수는

$$20736$$

이다. 물론 이 가운데에는 정상적으로 작동하는 것도 있고, 정지하지 않는 불량품도 있다.

일반적으로 k개의 문자를 입출력 기호로 사용하고 상태의 가짓수가 n인 기계는 정의역이

$$\{1, 2, 3, \ldots, n\} \times \{0, 1, \ldots, k-1\}$$

이고 치역이

$$\{0, 1, \ldots, k-1\} \times \{\leftarrow, \rightarrow\} \times \{0, 1, 2, 3, \ldots, n\}$$

인 함수와 마찬가지이다. 이러한 기계의 가짓수는

$$(2k(n+1))^{kn}$$

이다.

튜링은 더 나아가 보편 기계에 대한 개념을 확립하였고, 이것이 오늘날 우리가 사용하고 있는 컴퓨터이다. 보편 기계는 자신이 특별히 하는 일은 없지만, 다른 특수 기계의 역할을 하라고 하면 잘 해낸다. 그림판을 열면 그림판이 되고, 음악 파일을 열면 음악을 들려 주며, 문서 작성기를 열면 문서 편집을 도와주고, 계산기를 열면 셈을 도와 준다. 보편 기계는 그 어떠한 기능도 할 수 있지만 어느 하나에 집착해 있지는 않다. 마치 호숫물이 구름 지나가면 구름 비춰주고, 나뭇잎 떨어지면 나뭇잎 보여 주지만, 진정 호수면은 아무 것도 아닌 것처럼.

오늘날은 사람의 장기까지 복사하는 기술이 발달하고 있는데, 과연 동물이나 사람은 유전자라는 알고리즘만으로 해석할 수 있는 기계에 불과한가? 아니면 육신이라는 물질을 이용하고 있는 얼이 다시 껍질을 벗으면 더 상위의 얼로 변할 수 있는가? 요즈음 이러한 것에 관심을 가지고 연구하는 학자들이 많이 늘어나고 있다. 사람들이 욕심을 버리고 자연을 따른다면, 앞으로 인류는 공간과 시간과 물질과 생명에 대하여 더욱 많은 것을 이해하게 될 것이다.

퀴즈 해답

1. 도
2. 산술기본정리가 소인수 분해는 한가지뿐이라 말하므로 그러한 현상은 생기지 않는다.
3. 5월
4. 가운데 3을 1로 만들면 이긴다.
5. 0.111⋯ 또는 1/9
6. 차이가 없다.
7. 회전시키는 원의 반지름을 r이라 하고, 이 원의 중심과 회전축까지의 거리를 R이라 하자. 그러면 원환면의 부피는 '단면이 πr^2이고 높이가 $2\pi R$인 원기둥'의 부피와 같다. 즉, $(2\pi R)\times(\pi r^2)$. 이 원기둥은 원환면을 잘라 곧게 세운 것으로 볼 수 있다.

8 두 조각 중 처음 꼭지점 하나만 포함되는 조각은 원래 삼각형과 닮은 꼴이고, 그 닮음비가 2 : 3이므로 넓이 또는 무게의 비는 4 : 9이다. 그러므로 두 조각의 무게의 비는 4 : 5이다.

찾아보기

ㅊ

ㅋ

ㅌ

ㅍ

ㅎ

기타

science mathematics

김홍종

여러 가지 대상들 사이의 관계 중에서 가장 으뜸인 관계는 '같음' 이라는 것이다. 인류의 위대한 발견들은 대부분 이 관계를 아는 것이다. 전기와 자기가 둘이 아니고, 인간과 동물이 둘이 아니며, 시간과 공간이 다르지 않고, 물질과 에너지, 사랑과 증오, 너와 나, 부분과 전체 등 이루 말할 수 없이 많은 발견들이 있다. 선각자들은 철학, 수학, 과학, 기술, 예술, 사회, 자연 등을 가리지 않았는데, 아직도 이들을 가리는 사람이 많이 있다.

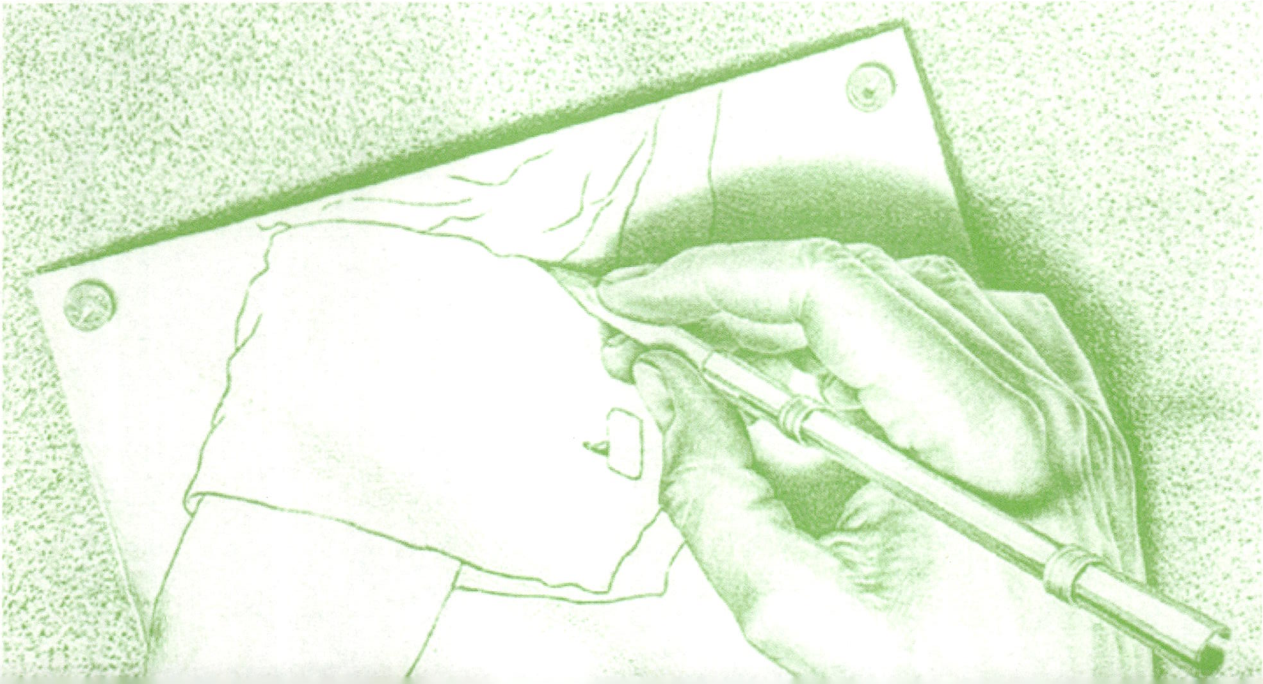

〈그리는 손〉(M. C. Escher, 1948년)

김희준

21세기를 사는 현대인에게 가장 중요한 교양은 무엇일까? 나는 감히 우주와 생명에 관한 전반적인 이해라고 말하고 싶다. 왜냐하면 그것은 우리 자신의 근원에 대한 이야기이기 때문이다. 자연의 언어는 수학이다. 생명의 언어는 화학이고, 화학의 언어는 물리학이고, 물리학의 언어는 수학이기 때문에 자연의 궁극적 언어는 수학인 것이다. 그래서 우주와 생명을 포괄적으로 이해하는 일은 수학을 필요로 한다.

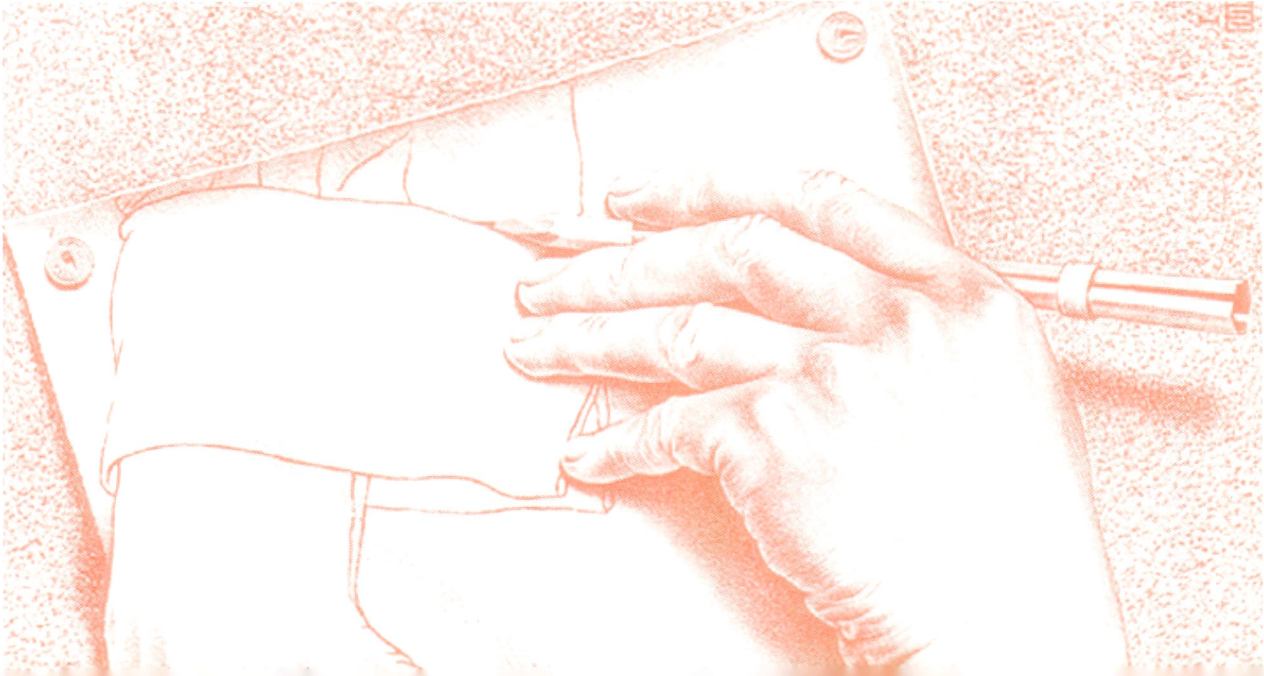

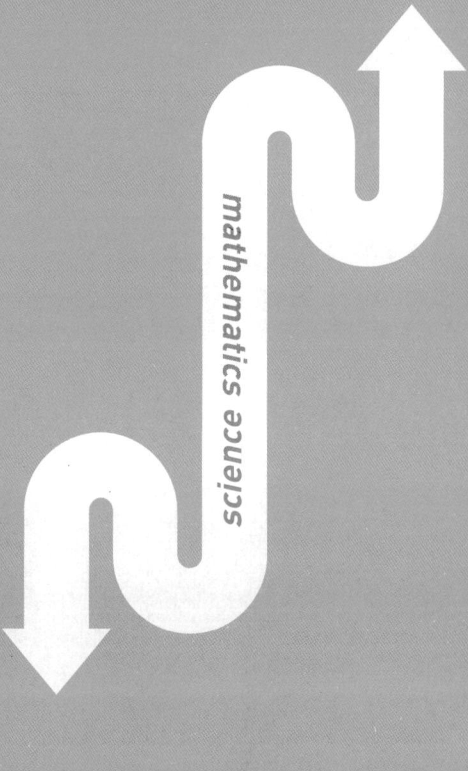
mathematics
science

과학으로
수학보기

과학으로 수학보기
수학으로 과학보기

1판 1쇄 펴냄 2005년 3월 21일
1판 20쇄 펴냄 2023년 6월 5일

지은이 김희준 · 김홍종

주간 김현숙
편집 김주희, 이나연
디자인 이현정, 전미혜
영업·제작 백국현
관리 오유나

펴낸곳 궁리출판
펴낸이 이갑수

등록 1999년 3월 29일 제300-2004-162호
주소 10881 경기도 파주시 회동길 325-12
전화 031-955-9818 | **팩스** 031-955-9848
홈페이지 www.kungree.com | **전자우편** kungree@kungree.com
페이스북 /kungreepress | **트위터** @kungreepress

ISBN 978-89-5820-027-7 03400

책값은 뒤표지에 있습니다.
파본은 구입하신 서점에서 바꾸어 드립니다.

과학으로 수학보기

김희준 지음

궁리
KungRee

저자의 말

호킹의 일생에 관한 책을 읽다보니 커피 탁자에 놓인 책은 핸드백의 구치 상표나 셔츠의 악어 표시와 같다는 말이 나온다. 교양이 바로 그런 게 아닌가 한다. 꼭 있어야 되는 것은 아니지만 구치 상표나 악어 표시가 상품의 가치를 수십 배나 높이는 것처럼 교양도 어떤 사람의 품격을 높여준다. 그런데 21세기를 사는 현대인에게 가장 중요한 교양은 무엇일까? 나는 감히 우주와 생명에 관한 전반적인 이해라고 말하고 싶다. 왜냐하면 그것은 우리 자신의 근원에 대한 이야기이기 때문이다.

인간이 자연을 부분적으로 이해하는 단계에서는 각각의 부분에 대한 이해를 필수적인 교양이라고 말하기 어렵다. 그러나 우주가 생기고 140억 년 후, 그리고 지구상에 생명이 탄생한 지 40억 년 후 생명은 과학을 하는 호모 사이엔티피쿠스(*Homo scientificus*)까지 발

전했다. 특히 20세기에 이루어진 획기적인 과학의 발전으로 드디어 인간은 우주와 생명의 기원과 진화를 총체적으로 이해할 수 있는 단계에 이르렀다. 평생을 고아로 살다가 살아 있는 부모를 찾았다면 나와 상관없는 일이라고 할 수 있을까?

자연의 이해를 교양이라고 말하는 또 하나의 이유는 부분적으로 흐릿하게 보이던 자연이 전체적으로 분명하게 보이면 교양 수준에서 쉽게 이해할 수 있기 때문이다. 과학이 쉽고 재미있어지는 것이다. 그런데 자연의 언어는 수학이다. 생명의 언어는 화학이고, 화학의 언어는 물리학이고, 물리학의 언어는 수학이기 때문에 자연의 궁극적 언어는 수학인 것이다. 그래서 우주와 생명을 포괄적으로 이해하는 일은 수학을 필요로 한다.

다행히 우리나라 학생들은 수학 공부를 많이 한다. 그래서인지 과학도 잘 한다. 그런데 아쉽게도 학교 수업에서도 EBS 강의에서도 수학과 과학은 따로 논다. 수학과 과학의 연결고리를 찾아주면 각각의 의미가 살아나고 공부가 재미있을 텐데 하는 아쉬움에서 이 책을 생각하게 되었다. 다행히 수학을 재미있게 풀어서 가르치는 김홍종 교수와 팀을 이루어 이 책이 나오게 되었다.

『과학으로 수학 보기』에서는 우주와 생명의 역사를 몇 장의 우주적 드라마로 구성하고 관련된 과학의 내용들을 통해 기본적인 수학의 개념과 연산 방법을 이해시키도록 노력했다. 독자에 따라 다소 어렵게 느껴질 수도 있겠지만, 학생이라면 학년이 올라갈수록, 일반

인이라면 교양의 폭이 넓어질수록 이해하는 폭도 넓어지리라 믿는다. 이 책의 의도를 받아들여준 과학도 출신 궁리 이갑수 대표와 편집부 김현숙 씨에게 감사를 드린다.

2005년 3월
관악에서
김희준

contents

1

서론_ 우주와 생명

자연과학 전체를 요약할 수 있는 두 개의 키워드를 고르라면 우주와 생명이 아닐까 한다. 우주는 과학이 대상으로 하는 자연 전체를 나타내는 말이고, 생명은 자연의 일부에서 볼 수 있는 특수한 현상이다. 그런데 우리 자신이 생명체이기 때문에, 생명은 우리의 중요한 관심사일 수밖에 없다. 뿐만 아니라 생명이 없다면 우주와 생명을 논할 우리 자신이 있을 수 없다. 그래서 우주는 어떻게 생기고 진화해서 우주의 원리를 파악할 능력을 지닌 생명체를 만들어냈나 하는 문제로 과학의 주제는 귀결된다.

하루의 계획은 아침에 달려 있고, 일 년의 계획은 첫날에 세워야 하며, 일생의 계획은 젊은 시절에 세워야 한다고 했다. 아인슈타인은 나라면 어떻게 우주를 기획할까라는 질문을 던진다. 과연 우주는 어떻게 기획되었을까? 우주의 기본 원리는 무엇일까? 우주의 기본 언어는 무엇일까? 생명이란 무엇인가?

우리는 지구에 살고 있는 특별한 생명체다. 우리에게 적용되는 생명의 원리는 우주적인 폭넓은 것일까, 아니면 지구에만 적용되는 특수한 것일까? 외계에도 생명이 있다면 그 생명체는 어떤 원리와 방식에 따라 태어나고 살아갈까?

천사 질문(The Angel Question)

우주는 생각보다 훨씬 크고 넓다. 그리고 나이도 많다. 우주의 나이는 150억 년 정도, 더 정확하게는 137억 년으로 알려져 있다. 현재 널리 받아들여지는 빅뱅 우주론에 따르면 우주는 약 137억 년 전에 대폭발로 시작해 지금까지 계속 팽창하고 있다고 한다. 137억이 얼마나 큰 수인지 감을 잡기 위해 사람이 100년을 산다고 가정하고, 100년이 몇 초에 해당하는지 생각해보자.

1분 = 60초

1시간 = 60분 = (60)(60)초 = 3,600초

1일 = (24)(3,600)초 = 86,400초

1년 = 365일 = 31,536,000(약 3천만 초)

100년 = 약 32억 초

100년은 약 32억 초이다. 그러니까 137억이라는 수는 100년을 초로 세어서 다시 4를 곱한 수에 가깝다. 태어나서 1초에 하나씩 수

를 센다고 해도 약 400년이 걸려야 우주의 나이를 다 셀 수 있다.

우리가 관찰할 수 있는 우주에는 약 1천억 개의 은하가 있고, 각각의 은하는 약 1천억 개의 별로 이루어졌다고 한다. 우주가 그렇게 크고 넓다면 혹시 지구 밖에도 생명체가 있지 않을까 궁금해진다. 만약 갑자기 천사가 나타나서 단 하나의 질문에 대해서만 답을 가르쳐주겠다고 한다면 무얼 물어볼까? 많은 사람에게 소위 이 '천사 질문'은 외계에 생명이 있을까 하는 질문이라고 한다. 사람은 제대로 대답하지 못하는 질문에도 천사는 답을 할 수 있으리라고 생각해 '천사 질문'이라고 하는 모양이다. 과연 어떤 질문에나 답을 할 수 있는 천사가 있을지는 의문이지만, 아무튼 많은 사람에게 과연 지구 바깥 외계에 생명체가 있을까 하는 것은 아주 궁금한 문제이다.

아레시보 성간 메시지

외계 생명체에 관한 천사 질문에는 답이 있을까? 답이 있다면 그 답을 어떻게 알 수 있을까? 인간은 그 답을 알아보려고 신호를 보낸 적이 있다. 무슨 신호를 어디에 보냈을까?

우선 어디에 신호를 보내는 게 좋을까 생각해보자. 달이나 화성에 보내보면 어떨까? 달에는 벌써 사람이 다녀왔지만 거긴 아무도 없었다. 화성에도 몇 차례 탐사선을 보냈는데, 찍은 사진을 보니 눈에 띄는 생명체는 없었다. 사람의 눈으로 식별할 수 없는 크기의 생물도 있으니까 카메라에 안 잡혔다고 해서 생명체가 없다고 할 수는

없다. 그래서 생명의 흔적을 찾을 때는 생명체가 대사 활동을 해 생기는 화합물이 있나 조사를 하기도 하고, 여러 가지 간접적인 방법을 사용하는데, 일단 생명 존재 여부를 조사할 때는 우선 물이 있는지를 알아본다.

물이 있으면 생명체가 있다고 볼 수 있을까? 물이 있다고 꼭 생명체가 있으리라는 법은 없지만, 일단 물이 없으면 생명이 있을 가능성이 희박하다. 얼마 전에 화성에서도 과거에 물이 흐른 흔적을 발견했다고 한다. 그러나 생명체의 흔적은 보이지 않는다. 아무튼 지금으로서는 태양계 내의 다른 행성에 생명이 있을 가능성은 거의 없어 보인다.

그렇다면 태양계 바깥으로 신호를 보내야 한다는 말이다. 태양에서 제일 가까운 별이 4광년 정도 거리에 있으니까 신호가 빛의 속도로 가도 4년은 걸린다.

별에 생명체가 있을 수 있을까? 별의 표면 온도는 수천 도나 되니까 별에는 생명이 있을 수 없다. 원자들 사이의 화학 결합이 깨지기 때문이다. 지구 같은 행성을 가진 별을 찾아야 하는데 일단 제일 가까운 별이 그렇게 멀리 있으니 생명이 있는 행성에 신호가 갔다가 되돌아오려면 아주 오랜 시간이 걸릴 것이다. 그러고 보면 우리 은하계 1천억 개의 별 중 지구 같은 조건을 갖춘 행성을 거느린 별이 있다 하더라도 우리 당대에 회신을 받을 가능성은 거의 없다.

실제로 1974년 11월 16일 푸에르토리코에 있는 아레시보 전파천

문대(Arecibo Observatory)에서 우리가 속한 은하계 내의 구상성단 M13이라고 알려진 별들로 마이크로파를 보낸 일이 있었다. 마이크로파는 음식을 데우는 전자레인지나 이동 통신에서 사용하는 파장의 전자파이다. 구상성단은 오래된 별들의 집단이다. 생명이 태어나고 우리가 보낸 메시지를 해독할 수 있을 정도로 진화하려면 시간이 걸릴 테니까 오래된 별로 보낸 것이다.

그럼 신호를 보낸 지 30년이 지났는데 무슨 대답이 왔을까? 실망스럽게도 아무 연락이 없다. 그 신호는 아직 태양계에서 아주 가까운 별을 지나가고 있을 테니까 수백 년 후에나 다시 한번 무슨 소식이 있나 알아보는 게 좋을 것 같다. 이처럼 외계 생명을 찾는 일은 엄청난 끈기가 필요하다.

그때 보낸 그 메시지를 아레시보 성간 메시지(Arecibo Interstellar Message)라고 한다. 외계인과 대화할 때 어려운 점은 누구한테 보내는지도 모르기 때문에 무어라고 신호를 보내야 할지 알 수 없다는 것이다. 외계에 한국 사람이 살고 있다면 한국말로 신호를 보내면 되겠지만, 이건 생명체가 있는지 없는지도 모르면서 신호를 보내는 판이니 도대체 어떤 말로 무슨 내용을 적어 보내야 할지 막막하다. 알아들을지 어떨지 모르지만 일단 신호를 보내놓아야 할텐데 그러자면 그래도 가장 알아들을 만한 내용을 보내야 될 것이다.

그래서 결국 무얼 적어 보냈을까? 전파를 보냈으니까 '적었다'고 할 수는 없을 테지만, 아무튼 과학자들이 오랜 궁리 끝에 결정한

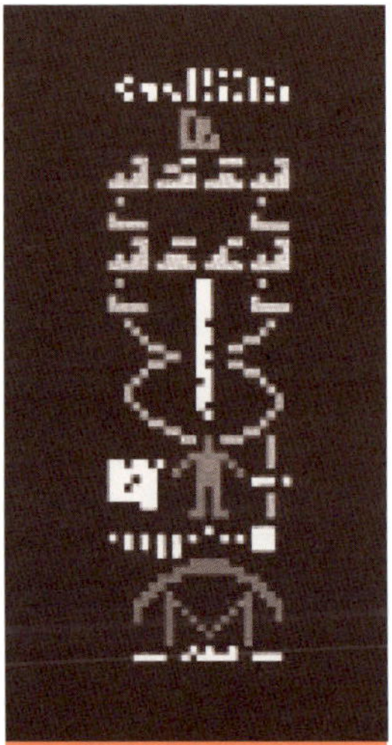
아레시보 성간 메시지

아레시보 성간 메시지의 내용을 알아보자. 그리고 자연의 언어인 수가 어떻게 이 메시지에 녹아들어 있나 살펴보자.

제일 위에 있는 것은 오른쪽에서 왼쪽으로 1에서 10까지 수이고, 그 다음에는 다섯 가지 원소의 원자번호, 그 다음에는 모든 생명체가 유전 정보를 기록하는 데 사용하는 네 가지 염기, 그 다음은 DNA의 이중나선 구조, 그리고 사람 DNA의 염기쌍 수 30억, 사람의 키, 인구 수 등이고, 아래쪽에는 태양계와 아레시보 천문대가 그려져 있다. 이런 내용을 마이크로파에 실어서 보내고 혹시 저쪽에서 알아듣고 신호를 보내오지 않을까 기다리는 것이다.

왜 하필 그런 내용을 보냈을까?

수: 자연의 언어

수학과 과학의 여러 분야 중 어느 분야가 제일 기본일까? 대학의 학과를 이야기할 때도 '수물화생' 식으로 말하는 걸 보면 아무래도 수학이 기본인 듯하다. 수식이 없이는 물리나 화학을 가르치고 배우기 어려울 것이다. 초등학교에서도 국어와 산수를 제일 많이 공부한다.

한국어가 우리 민족의 언어라면 수는 자연의 기본 언어이기 때문이다. 그러고 보면 중 · 고등학교에서 가장 중요하게 생각하는 국영수의 공통점은 이들이 모두 언어라는 점이다.

수의 기본은 하나, 둘, 셋처럼 개수를 세는 데 사용되는 자연수이다. 다시 말하면 자연수는 1, 2, 3... 같은 양의 정수이다. '별 하나, 나 하나, 별 둘, 나 둘' 처럼 자연수는 하늘의 별을 세는 데도 사용되고, 지구에 사는 사람의 수를 세는 데도 사용된다. 반 개의 별은 없다. 사람도 마찬가지다. 그래서 어딘가에 생명체가 있다면 거기에도 자연수가 기본일 것이라 생각하고 아레시보 메시지의 첫 대목에 1부터 10까지의 자연수를 적은 것이다. 자연의 언어는 수라는 사실을, 그리고 수의 기본은 자연수라는 사실을 대외적으로 선포한 것이다. 갈릴레오(Galileo)도 "자연의 커다란 책은 그 책에 쓰인 언어를 아는 사람만이 읽을 수 있다. 그 언어는 바로 수학이다"라고 말했다고 한다.

자연수와 관련있는 과학의 내용을 몇 가지 들어보자.

1 : 수소의 원자번호, 우주(universe)

2 : 공유 결합을 이루는 전자쌍, DNA의 나선 수

3 : 양성자와 중성자에 들어 있는 쿼크 수, 우주배경복사(3K), 유전암호(triplet code)

4 : 4원소설 (물, 불, 공기, 흙), 헬륨의 질량수, DNA의 염기 종류 (A, T, G, C)

5 : 생명의 핵심원소 (수소, 탄소, 질소, 산소, 인)

6 : 탄소의 원자번호

7 : 태양(일), 달(월), 화성, 수성, 목성, 금성, 토성

8 : 옥텟규칙

9 : 태양계의 행성 수

10 : 10진법, 사람의 손가락 수

20 : 단백질을 구성하는 아미노산 종류

30억 : 인간 유전체의 염기쌍 수

100조 : 사람 몸의 세포 수

그런데 아레시보 메시지에서는 1부터 10까지의 자연수를 10진법이 아니라 2진법으로 적었다. 10진법에서는 1에서 9까지 1단위의 기본수가 있고, 그 다음 자리는 10단위이다. 그런데 2진법에서는 0과 1 두 수가 기본이다. 그러니까 10진법에서 2는 2진법에서는 10이 된다. 컴퓨터에서도 2진법을 사용한다. 그러니까 10진법보다 2진법이 더 기본이다. 사람은 손가락이 열 개니까 10진법이 편하지만 딴 세상에서는 10이라는 수가 별다른 의미가 없을 수도 있다. 하지만 2라는 수는 훨씬 더 기본적이다. 맞다, 틀리다. 오른쪽, 왼쪽. 있다, 없다 식으로 말이다. 컴퓨터 경우에는 켜져 있다(on), 꺼져 있

다(off)가 된다. 그러고 보면 2진법이 더 기본인 것 같다. 아무튼 수는 어디에서나 기본이니까 우선 수를 이야기하는 것은 당연한 일이다. 외계인들도 식구 수를 세고 나이도 셀 테니까 말이다.

	2진법	10진법
하나	1	1
둘	10	2
셋	11	3
넷	100	4

생명의 핵심 원소/원자번호

수 다음에 나오는 것은 다섯 가지 원소의 원자번호이다. 원자번호는 어느 원자에 들어 있는 양성자 수이다. 그러니까 원자번호는 자연수이다.

아레시보 메시지에 적힌 다섯 가지 원소는 무엇일까? 왜 하필 다섯 가지일까? 『톰 소여의 모험』, 『허클베리 핀』 등을 쓴 마크 트웨인이라는 소설가가 있다. 유머가 대단하기로 유명한 그는 누구한테 편지를 쓰면서 "짧게 쓸 시간이 없어서 길게 씁니다"라고 말했다고 한다. 언뜻 들으면 말이 안 된다. 긴 편지가 시간이 더 오래 걸릴 테니까. 그렇지만 두 장짜리 편지를 서너 줄에 요약해보려고 한다면, 결국 마크 트웨인의 말에 공감하게 될 것이다. 외계인에게 장황한 메

시지를 보낼 수도 없고 해서 고심 끝에 생명에 필수적이라고 생각되는 다섯 가지 원소를 적은 것이다. 그 다섯 가지 원소가 뭘까?

코페르니쿠스 혁명이 일어나기 전까지 서양의 사고에 큰 영향을 끼쳤던 아리스토텔레스는 불완전한 지상의 세계는 물, 불, 공기, 흙의 네 가지 원소로 만들어졌고, 완전한 천상의 세계는 에테르라고 하는 제5원소로 이루어졌다고 생각했다. 고대인에게 지상의 세계와 별들의 세계가 같은 물질로 이루어졌을지 다른 물질로 이루어졌을지 설문 조사를 했다면 대부분은 아리스토텔레스같이 당연히 다른 물질로 이루어졌으리라고 직관적인 답을 했을 것이다.

그러나 이제는 우주가 전체적으로 공통적인 원소들로 이루어졌다고 알려져 있다. 그 중 생명에 꼭 필요한 원소는 무얼까? 탄소(C)는 꼭 들어가야 될 것 같다. 외계인도 생명체라면 유기물질로 이루어졌을 것이고, 그렇다면 우리처럼 탄소 화합물이 중요할 것이다. 산소(O)도 있어야 할 것 같다. 거기서도 숨을 쉬어야 살 테니까 말이다. 그리고 물은 꼭 있어야 하니까 수소(H)도 있어야 한다. 수소, 산소, 탄소 외에 무엇이 필수적일까? 생명의 핵심물질인 DNA를 보면 수소, 산소, 탄소 외에 질소(N)와 인(P)이 들어 있다.

그래서 아레시보 메시지에는 수소, 탄소, 질소, 산소, 인의 원자번호인 1, 6, 7, 8, 15를 적었다. 외계 어디에 생명이 있다면 그 다섯 가지 중 하나라도 없으면 살아가기 어려울 거라는 의미에서다. ET 같은 외계인이 있다면 그들 몸도 우리 몸과 같은 원소로 이루어졌을

것이다. 하나의 우주니까. 수소로 시작된 우주에서 수소가 몇 개씩 모여서 여러 가지 원소를 만든다면 우주 어디에도 같은 원소가 있을 수밖에 없다. 우리 몸의 원소와 우주 전체의 원소가 같다면 그야말로 신토불이(身土不二)다.

그런데 왜 다섯 가지 원소의 이름을 보내지 않고 원자번호를 보냈을까? 이름이야 아무나 제멋대로 붙일 수 있지만 수는 보다 기본적이다. 외계인이 수소를 자기네 말로 부른다고 해서 양성자의 수가 바뀌는 것은 아니다.

그런데 과연 외계에도 양성자가 있고, 외계인이 원자번호를 알아볼까? 문제는 외계에서도 지구에서와 똑같이 양성자의 수가 중요할까 하는 점이다. 외계에서는 원자의 구성이 전혀 다르다면 우리의 이야기를 못 알아들을 것이다. 과학자들이 다섯 가지 원소의 원자번호를 보냈을 때는 우주의 어느 곳에서도 물질세계는 공통적인 화학원소들로 이루어졌고, 원자를 구성하는 양성자, 중성자, 전자도 공통적인 입자들이라는 확신이 있기 때문이다.

그런데 어떻게 가보지도 않고 그걸 알 수 있을까? 우리는 해에 가보지 않고도 해가 있는 줄을 안다. 햇빛을 보고 해가 있는 것을 아는 것처럼 별빛을 관찰해서도 아주 많은 중요한 정보들을 얻을 수 있다. 과학자들은 거대한 망원경으로 멀리서 오는 별빛을 조사해서 우주는 전체적으로 공통적인 원소들로 이루어져 있는 것을 알

아냈다.

이제부터 우주의 역사에서 이 생명의 원소들이 언제 어디서 어떻게 만들어져서 우리 몸에 자리잡고, 또 어떤 원리에 따라 생명에서 핵심적 역할을 하고 있는지를 알아보기로 하자.

생명의 알파벳 / 이중나선 / 인간

아레시보 메시지의 그 다음에는 아데닌(adenine, A), 티민(thymine, T), 구아닌(guanine, G), 시토신(cytosine, C)으로 불리는 네 가지 간단한 화합물이 나온다. 네 가지 염기라고도 부른다. 잘 알려진 염기성 물질인 암모니아와 깊은 관련을 가진 이들 화합물은 유전물질인 DNA에서 유전정보를 기록하는 데 사용되는 생명의 알파벳이다.

박경리의 『토지』 같은 대작도 한글의 24개 자모를 사용해서 기록되었다. 셰익스피어의 문학 같은 영미의 문학작품에서는 알파벳의 26개 자모가 사용된다. 그런데 생명은 불과 네 개의 자모를 사용한다. 놀라운 효율성이다. 이 네 가지 염기들은 모든 생명체에 공통적으로 사용된다. 약 40억 년 전 지구상에 생명이 탄생할 때 이 네 가지 염기들은 어떻게 선택되었을까?

그 다음에는 생명의 핵심 물질인 DNA의 모양이 나온다. DNA는 두 개의 나선이 꽈배기처럼 꼬인 모양이다. DNA에서 A, T 그리고

G, C는 쌍을 이루고 있다. 1953년에 왓슨과 크릭이 발견한 DNA 이중나선 구조는 과학의 역사상 가장 중요한 발견의 하나이다.

이중나선 중간에 또 하나의 수가 등장한다. 인간의 세포 하나에 들어 있는 DNA의 염기쌍 수 30억이 기록되어 있는 것이다.

다음에는 DNA 이중나선에 A, T, G, C 염기를 사용해서 기록한 유전 정보를 통해 생겨난 사람의 모습이 나온다. 사람을 포함해서 모든 생명체는 세포로 구성되어 있다. 단 한 개의 세포로 이루어진 단세포생물도 있다. 사람의 몸에는 약 100조 개의 세포가 들어 있다. 하나하나의 세포에는 30억 개의 염기쌍에 해당하는 유전정보가 들어 있다. 이렇게 많은 정보를 가진 인간은 우주와 생명에 관해 무엇을 얼마나 파악했을까?

태양계

다음에는 열 개의 정사각형 모양의 조각이 나온다. 그 중 제일 오른쪽에 있는 큰 정사각형은 태양을 나타낸다. 사랑하는 사람을 나의 태양이라고 부를 때는 내가 사랑하는 사람은 당신 하나뿐이라고 말하는 것이다. 1은 가장 중요하고 기본적인 자연수이다.

태양의 왼쪽으로 수성, 금성, 지구, 화성, 목성, 토성, 천왕성, 해왕성, 명왕성 순으로 아홉 개의 행성이 나온다. 인간이 이 메시지를 보내는 곳은 세 번째 행성 지구라는 것을 나타내고 있다. 우리는 이미 코페르니쿠스 혁명을 거친, 그래서 태양계에서 우리의 위치를 파

악한 존재라는 사실을 말하고 싶은 것이다.

우리는 더 나아가서 우리 은하에서 태양의 위치도 알고 있다, 또 우리 은하는 우주의 1천억 개 정도의 은하 중 하나라는 사실도 알고 있다. 이처럼 광활한 우주의 한 점 지구에서 인간은 외계를 탐사하기 위해 우주선을 보내기도 하고 외계 생명체를 찾아 이처럼 메시지를 보내고 답을 기다리기도 한다.

태양계는 언제 어떻게 생겼을까? 태양계에서 지구의 위치는 어떤 의미를 가질까? 지구가 태양으로부터 조금 더 가깝거나 멀었어도 인간 같은 생명체가 가능할까? 인간은 어떻게 지구가 중심이 아니고 세 번째 행성이라는 사실을 알게 되었을까? 목성 정도의 위치에서 태양과 지구를 바라보면 어떨까? 정말 지구는 태양 주위를 돌고 있을까? 명왕성은 얼마나 멀까? 태양에서 제일 가까운 두 번째 별은 얼마나 멀까? 우주는 얼마나 클까?

2

우주적
드라마

우리는 어디에서 왔는가?

보스턴 미술관에 소장된 한 유명한 고갱의 그림은 제목이 〈우리는 누구인가, 우리는 어디에서 왔는가, 우리는 어디로 가는가?〉이다. 아무 것도 부족할 것이 없는 남태평양 타히티 사람들도 이런 근본적인 질문을 피할 수 없다는 의미인 모양이다. 우리도 그리고 혹시 있을지도 모르는 외계인도 수소, 탄소, 질소, 산소, 인의 다섯 가지 원소를 꼭 필요로 하는 생명체라고 한다면 우리는 어디에서 왔는가 하는 질문은 이들 원소는 어디에서 왔는가 하는 질문이 된다.

이러한 문제는 결국 우주에는 시작과 끝이 있는가, 우주의 나이는 유한한가 무한한가 하는 우주론에 귀착한다. 20세기가 지나가는 동안 인간이 우주에 대해 가지고 있던 생각은 크게 정상상태우주론과 빅뱅우주론으로 나눌 수 있다. 정상상태우주론은 우주는 시작과 끝이 따로 없고 지금과 같은 상태가 무한히 계속된다는 생각이다.

반면에 빅뱅우주론은 우주는 과거 어느 시점에 대폭발로 시작되었으며 지금도 팽창을 계속한다는 생각이다. 빅뱅우주론에서 우주의 나이는 유한하다.

수학에서 무한은 중요한 개념이다. 원주율 같은 무리수를 소수로 나타내려면 소수점 아래 숫자가 무한히 계속된다. 미분, 적분에서도 무한히 작게 나눈다는 개념이 핵심을 이룬다. 자연수 중에 3, 5, 137 같은 소수(素數)가 유한 개인가 무한 개인가 하는 것도 수학에서는 중요한 문제이다.

1920년대에 허블(Hubble)이 우주의 팽창을 발견하면서 자리를 잡기 시작한 빅뱅우주론은 1965년에 펜지어스(Penzias)와 윌슨(Wilson, 펜지어스와 1978년 노벨물리학상 공동수상)이 빅뱅의 여파라고 볼 수 있는 우주배경복사를 발견하면서 우주의 기원과 진화를 설명하는 가장 설득력 있는 모델로 널리 받아들여지고 있다.

1막 1장 **빅뱅**

대한민국 국민이 우리가 어디에서 왔나를 추적한다면 부모, 조부모, 족보의 시조를 거쳐 한반도에 처음 발을 내딛은 한민족 전체의 공통 조상을 생각할 수 있을 것이다. 그 조상의 조상은 어디서 왔을까, 유럽인의 조상은 어디에서 왔을까 식으로 추적해 간다면 모든 인류의 공통 조상을 생각할 수 있을 것이다. 수백만 년 된 인류 조상의 뼈들이 아프리카에서만 잇달아 발견되어 다윈이 짐작했던 대로 인류가 아프리카에서 출발했다는 설이 설득력을 지니고 있다. 이제는 DNA 분석 방법의 획기적인 발전 덕분에 유럽인이나 아시아인이나, 그리고 시베리아를 거쳐 얼어붙은 베링해를 건너 미 대륙으로 건너간 아메리카 인디언이나 모든 인류의 공통 조상은 아프리카에서 출발했다는 사실이 확실해졌다.

누군지 알 수 없는 한반도의 첫 이주자가 한민족의 조상이라면 약 700만 년 전에 아프리카에서 침팬지와 갈라선 인류의 조상이 모

든 인류의 어버이가 될 것이다. 그 인류의 조상은 또 어디에서 왔을지 이런 식으로 추적해 가면 지구상 모든 생명체의 근원은 약 40억 년 전 태초의 지구에 출현한 최초의 단세포 생물까지 거슬러 올라갈 수 있다. 137억 년 우주의 역사에서 태양계의 나이가 약 46억 년이고, 약 40억 년 전에 생물이 탄생했다면 생명의 입장에서는 태양계와 지구의 역사에서 처음 6억 년은 생명의 준비 기간이었다고 볼 수 있다.

그런데 우주의 나이가 무한하지 않고 137억 년 정도의 유한한 값이라는 것을 어떻게 알게 되었을까? 어떻게 시간을 거슬러서 과거를 볼 수 있을까? 과거를 보려면 멀리를 보면 된다. 아인슈타인(Einstein)이 특수상대성 이론에서 밝힌 대로 빛의 속도는 불변의 절대적인 양이기 때문이다. 빛은 일정한 속도로 멀리 있는 천체로부터 지구를 찾아오기 때문에 어느 천체를 보는 것은 그 천체의 과거를 보는 것이다. 물론 멀리 볼수록 더 오래 전의 과거를 보게 된다. 사람이 맨눈으로 겨우 볼 수 있는 안드로메다 성운을 볼 때는 약 200만 년 전 과거를 보는 것이다. 망원경의 성능이 향상될수록 우리는 더 먼 과거를 보게 되었다. 요즘은 허블 우주망원경을 대기권 밖의 지구 궤도에 올려놓고 대기의 방해를 벗어나 100억 년 전 이상 과거 초기 우주의 깨끗한 상을 얻고 있다.

시간이 흐르는 방향을 양이라 한다면, 거꾸로 되돌아가는 방향은

Hubble Ultra Deep Field.
허블 우주망원경이 잡은
유아기 우주의 은하들.

음이다. 우주가 시작되어 지금까지 137억 년의 시간이 흘렀다. 태양계가 생긴 것은 46억 년 전이다. 지금을 기준으로 하면 −46억 년인 셈이다. −46은 음수이다. 태양계가 생겼을 때 우주의 나이는 137 − 46 = 91억 년 정도였다.

물질이 양이라면 반물질은 음이다. 물질인 전자의 전하는 -1이다. 반물질인 양전자의 전하는 (−)(−1) = +1이다.

과학자들이 우주의 나이를 측정하기 시작한 것은 약 100년 전이다. 1920년대에 허블은 윌슨 산 천문대의 100인치 후커 망원경을 사용해서 우리 주위의 은하들이 멀어져 간다는 사실을 발견했다. 은하에서 나오는 빛을 조사하다가 스펙트럼에 들어 있는 선의 위치가 긴 파장(낮은 진동수) 쪽으로 이동한 것을 관찰한 것이다. 가시광

허블은 윌슨 산 천문대의 100인치 후커 망원경을 사용해서 우리 주위의 은하들이 멀어져 간다는 사실을 발견했다.

선에서 긴 파장은 빨강색 쪽이기 때문에 허블의 관찰은 스펙트럼의 적색편이라고 불린다. 이것은 이 빛을 내는 물체가 우리로부터 멀어져 가는 것을 의미한다.

빛의 파장과 진동수는 반비례 관계에 있다. 파장 × 진동수 = 광속(2.998×10^8 미터/초, 일정)같이 두 수의 곱이 일정한 경우 한쪽이 커지면 다른 쪽은 그에 따라 작아지는 것이다. 마이크로파와 가시광선에 대해 반비례 관계를 계산해보자.

- **진동수가 1기가헤르츠(GHz)인 마이크로파의 파장**

= (2.998×10^8 미터/초)/ (1×10^9 /초)

= 0.2998미터 ≒ 30센티미터

- **파장이 700나노미터인 빨강색 빛의 진동수**

= (2.998×10^8 미터/초)/ (700×10^{-9} 미터)

= 4.28×10^{14}/초 ≒ 40만 기가헤르츠

빛은 파동성과 아울러 입자성을 가진다. 드브로이(de Broglie)에

따르면 전자나 야구공 같은 물질도 입자성과 함께 파동성을 가진다. 물질 입자의 드브로이 파장은 입자의 운동량에 반비례한다.

$\lambda = h/mv$ h: 플랑크 상수 mv: 질량 × 속도 = 운동량

허블이 관찰한 스펙트럼의 적색편이는 도플러효과로 알려져 있는데 이 현상은 음파의 경우에 더 익숙하다. 1845년에 오스트리아 출신 도플러(Doppler)는 기차에 여러 명의 나팔수를 태우고 어느 음을 계속해서 내게 한 후 길가에 서 있는 음악가들을 지나치게 했다. 음에 정확한 이 음악가들은 기차가 가까워질 때는 음이 높아지고 기차가 멀어져 갈 때는 음이 낮아지는 것을 확인했다.

허블은 또한 이처럼 은하들이 멀어져 가는 속도는 그 은하까지의 거리에 비례하는 것을 알아냈다. 즉 어느 은하까지의 거리가 멀수록 그 은하는 빨리 멀어져 가는 것이다. 이러한 비례 관계를 허블의 법칙이라고 한다.

• 허블의 법칙

은하의 후퇴 속도 = 허블상수 × 은하까지의 거리

위와 같은 1차 비례식을 그래프로 나타내면 직선 관계가 얻어진다.

허블의 법칙이 나오는 데는 은하까지의 거리를 측정하는 방법이

결정적으로 중요했다. 그런데 은하까지의 거리를 구하는 데도 비례 관계가 중요하다. 은하에는 밝기가 주기적으로 변하는 변광성이라는 별들이 있는데, 1912년에 헨리에타 리비트(Leavitt)는 세페이드 변광성의 절대광도는 주기에 비례하는 것을 발견했다.

태양은 우리가 속한 은하, 즉 은하수(Milky Way)의 약 1천억 개의 별 중 하나이다. 따라서 태양의 주위를 돌고 있는 지구에서 볼 때 은하수의 별들까지 거리는 각각 다르다. 그런데 은하수 밖에 비교적 작은 별들의 집단이 있다. 우리의 위성 은하인 대마젤란 성운이 좋은 예이다. 그러니까 지구로부터 대마젤란 성운의 모든 별까지의 거리는 같다고 볼 수 있는 것이다. 리비트는 이처럼 거리가 같은 별들의 집단에서 여러 개의 변광성을 발견하고, 변광성의 주기와 최대 밝기는 서로 비례하는 것을 발견했다. 예컨대 주기가 5일인 변광성이 가장 밝을 때의 밝기는 주기가 1일인 변광성이 가장 밝을 때 밝기의 5배가 되는 것이다.

거리가 같은 여러 개의 변광성으로부터 이러한 비례 관계를 확립하고 나면 이제는 거리를 모르는 변광성에 이 관계를 적용하여 밝기로부터 거리를 결정할 수 있게 된다. 우리 은하 안에서 주기가 5일인 변광성을 발견했는데 그 최대 밝기가 마젤란 성운의 주기가 5일인 변광성의 최대 밝기와 같다면 그 별까지의 거리는 마젤란 성운까지의 거리와 같은 것이 된다. 그런데 주기는 5일인데 최대 밝기는 4배라면 마젤란 성운까지의 2분의 1 거리에 있는 것을 알 수 있다. 밝기

는 거리의 제곱에 반비례할 것이기 때문이다.

1924년에 허블은 안드로메다 성운에서 변광성을 발견했다. 안드로메다 성운은 육안으로 겨우 보일 정도의 천체인데 언뜻 보면 별 같지만 자세히 보면 구름같이 퍼져 있는 것으로 보이는 특이한 천체이다. 대부분의 천문학자들이 좀 별난 천체라고 옆으로 제쳐놓은 안드로메다에 허블은 관심을 가졌다. 그리고 안드로메다에서 발견된 변광성이 주기에 비해 상당히 밝기가 약한 것을 알아냈다. 리비트가 발견한 최대 밝기와 주기의 비례 관계로부터 계산한 값에 비해 아주 어둡게 보인다는 것은 안드로메다가 엄청난 거리에 있다는 것을 의미한다. 허블이 관찰한 변광성은 안드로메다 성운에 들어 있는 1천억 개 정도 별 중 하나인 것이다. 우리가 속한 은하의 직경이 약 10만 광년이라고 할 때 안드로메다까지의 거리는 약 200만 광년이다. 그래서 1천억 개 정도의 별로 이루어진 안드로메다가 지구에서 볼 때는 깃털같이 보이는 것이다. 안드로메다는 은하수에 이어 인간이 알게 된 두 번째 은하이다.

안드로메다

이어서 1920년대에 허블은 여러 개의 은하를 발견하고 그 은하에서 나오는 별빛 스펙트럼의 적색편이로부터 그 은하의 후퇴 속도를 측정했다. 한편

그 은하에서 변광성을 찾아내고 주기와 최대 밝기로부터 그 은하까지의 거리를 결정했다. 이렇게 해서 얻은 은하의 후퇴 속도와 그 은하까지의 거리의 비례 관계가 바로 허블의 법칙이다. 이처럼 허블의 법칙이 나오는 데는 스펙트럼의 적색편이와 아울러 리비트의 발견이 결정적인 역할을 한 것이다.

은하들이 거리에 비례해서 멀어진다는 것은 은하들 사이의 빈 공간이 팽창하고 있다는 것을 의미한다. 그리고 허블의 법칙은 팽창을 거꾸로 되돌리면 과거 어느 시점에는 우주의 모든 질량이 한 점에 모여 있었다는 것을 의미한다. 우주는 한 점에 모여 있던 에너지와 질량이 대폭발(big bang)을 하면서 시작되어 팽창을 계속하고 있다고 믿어진다.

허블상수의 역수를 취하면 우주의 나이가 얻어진다. 최근 얻어진 허블상수는 다음과 같다 $H = 75km/초/Mpc$. Mpc는 1백만 파세크(million parsec)를 뜻하고, 1파세크는 천문학에서 많이 사용되는 거리의 단위로 3.26광년에 해당한다. 1광년은 빛이 1년에 가는 거리로 $(3 \times 10^5 km/초)(1년)$으로 나타낼 수 있다.

그러니까 326만 광년 거리에 있는 은하는 초속 75km 정도의 속도로 우리 은하로부터 멀어져 간다는 말이다. 이런 속도로 멀어져 갈 때 326만 광년 거리로 멀어지는 데 걸리는 시간이 우주의 나이가 된다.

326만 광년/(75km/초)

$= (3.0 \times 10^5$ km/초)$(3.26 \times 10^6$ 년)/(75km/초)

$= 1.3 \times 10^{10}$ 년(130억 년)

우주의 팽창에 관해 최근 흥미 있는 결과가 얻어졌다. 중력에 의해 팽창속도가 줄어들 것이라는 예상과 달리 우주의 팽창속도가 증가하고 있는 것이다. 은하들 사이의 진공에 우리가 아직 이해하지 못하는 신비한 에너지가 존재하는 게 아닌지 궁금해진다.

우주의 나이가 137억 년이고, 태양계의 나이는 46억 년이라면 우주에 태양계가 없었던 기간이 약 90억 년인 셈이다. 그러고 보면 우주에 태양계가 없었던 기간이 태양계가 있었던 기간의 두 배 정도 된다. 태양계의 나이를 세 배 하면 우주의 나이가 되고, 우주의 나이를 3으로 나누면 태양계의 나이가 된다. 분수(分數)를 사용하면 다음과 같이 적을 수 있다.

태양계의 나이 ≒ 우주의 나이 / 3

46억 ≒ 137억 / 3

"In the beginning, all the mass of the universe was confined in a tiny space."(태초에 우주의 모든 질량은 작은 공

간에 모여 있었다)

이 간단한 문장에는 뉴턴(Newton)이 자연의 세 가지 기본적 양이라고 말한 시간(time, t; beginning), 질량(mass, m), 길이(length, l; 공간은 길이의 3차원)가 다 들어 있다. 다른 중요한 양들은 이 세 가지의 조합으로 나타낼 수 있다. m, l, t의 지수를 각각에 대한 차원이라고 한다. 에너지는 질량에 대해 1차원, 길이에 대해 2차원, 시간에 대해 −2차원이다.

- **속도 = 길이 / 시간** $v = l \cdot t^{-1}$
- **가속도 = 속도 / 시간** $a = l \cdot t^{-2}$
- **힘 = 질량 × 가속도** $f = m \cdot l \cdot t^{-2}$
- **운동량 = 질량 × 속도** $f = m \cdot l \cdot t^{-1}$
- **밀도 = 질량 / 부피** $d = m \cdot l^{-3}$
- **압력 = 힘 / 면적** $P = m \cdot l^{-1} \cdot t^{-2}$
- **에너지 = 질량 × 속도^2** $E = m \cdot l^{2} \cdot t^{-2}$

1막 2장 처음 3분간

太一生水素

일견 복잡한 인간사나 자연 현상을 간단한 기본 원리로 이해하고 설명하고자 하는 면에서 철학과 과학은 뿌리를 같이한다. 기원전 6세기에 밀레투스에서 활동한 탈레스(Thales)는 합리성에 기초한 과학의 시조라고 볼 수 있는, 수학자에 천문학자를 겸한 철학자였다. 복잡한 물질세계의 배후에는 어떤 통일적인 원리가 있으리라고 믿은 탈레스는 물이 만물의 궁극인 원소라고 생각했다. 삼라만상을 단 하나의 원소(元素, element)로 파악하려고 한 탈레스의 관점은 물질을 통합적으로 보는 시각의 극치라고 하겠다.

구약 창세기에는 천지창조 첫날 이전에 이미 "하느님의 신이 수면에 운행하시니라"라고 기록되어 있다. 동양 고전에도 太一生水(태초에 물이 생겼다)라는 말이 있다. 그리고 보면 태초에 물이 있었

다고 하는 생각은 동서양을 초월하는 듯하다. 그러나 알고 보면 물은 원소가 아니라 수소와 산소라는 두 가지 원소가 결합하여 만들어진 화합물이다. 그런데 수소는 태초에, 즉 빅뱅 우주에서 만들어졌다. 그러니 太一生水素(태초에 수소가 생겼다)가 맞는 말이다. 하기는 수소는 물을 만드는 원소이니까 태일생수도 일리가 있기는 하다. 아무튼 우주에서 가장 많은 수소는 빅뱅 우주에서 만들어진 모든 원소의 원조 원소이다.

우주의 역사 : 뭉치기의 역사

우주의 역사는 팽창하는, 그래서 입자들이 흩어져 가는 우주에서 입자들이 뭉쳐서 더 크고 복잡한 입자들을 만들어 가는 역사이다. 137억 년 후 오늘 그 뭉치기는 10의 28제곱 정도의 많은 원자들이 뭉친 사람을 만들어 냈다. 그 사이에 수많은 뭉치기가 일어났다. 그 중 첫 번째 뭉치기는 빅뱅 우주에서 시작된다.

⊙ 첫 번째 뭉치기 : 쿼크 뭉치기

수소는 어디서 왔을까? 수소는 무엇으로 만들어졌을까? 수소 원자는 한 개의 양성자와 역시 한 개의 전자로 이루어졌다. 그런데 수소를 수소이게 하는 것은 전자보다는 중심에 자리잡은 양성자이다. 그렇다면 양성자는 어디에서 왔을까? 그 의문은 양성자는 보다 더 작고 기본적인 입자로 이루어졌나 하는 의문이 된다.

1960년대에 겔만(Gell-Mann)은 양성자보다 더 기본적 소립자인 쿼크를 제안했다. 표준 모델에 따르면 자연에는 6종류(up, down, charm, strange, top, bottom)의 쿼크가 있는데 그 중 업쿼크(up quark, u)와 다운쿼크(down quark, d)가 양성자와 중성자를 만드는데 사용된다. 전하가 +1인 양성자에는 업쿼크(up quark) 두 개와 다운쿼크 한 개, 그러니까 모두 세 개의 쿼크가 들어 있다.

1보다 큰 자연수 중 1과 자신 이외의 수로는 나누어지지 않는 수를 소수(素數)라 한다. 소수에는 양성자에 들어 있는 쿼크의 수 3, 생명의 핵심 원소 5, 사람의 염색체 쌍의 수 23, 억 년 단위로 했을 때 우주의 나이 137 등이 있다.

양성자에 들어 있는 업쿼크의 수 2는 2로 나누어서 떨어지는 짝수이고, 다운쿼크 수 1은 2로 나누어서 떨어지지 않는 홀수이다.

아레시보 메시지에 들어 있는 자연수들 중 짝수에는 DNA 나선의 수인 2, 염기의 종류 4, 탄소의 원자번호 6, 산소의 원자번호 8, 그리고 아주 큰 짝수인 30억이 있다.

홀수가 두 개 모이면 짝수가 된다. 가장 작은 홀수는 1이고, 그래서 가장 작은 짝수는 2이다. 수소의 양성자 수는 1이다. 자연은 원자번호가 1인 수소를 두 개 모아서 원자번호가 2인 헬륨을 만들었다. 헬륨의 양성자 수, 즉 원자번호는 가장 작은 짝수인 2이다.

사람의 생식세포에는 23개의 염색체가 들어 있다. 백과사전도

한 권으로 묶으면 너무 두꺼워서 불편하기 때문에 20권 정도로 나누어놓는다. 사람의 유전정보도 23개의 염색체에 나누어놓았다. 수정이 이루어질 때는 남자의 생식세포에서 온 23개의 염색체와 여자의 생식세포에서 온 23개의 염색체가 합쳐져서 쌍을 이룬다. 그러니까 사람의 체세포에는 23쌍, 즉 46개의 염색체가 들어 있는 것이다. 23은 홀수이고 46은 짝수이다.

짝수의 곱도 짝수이다. 우주가 시작된 지 수억 년 후 어느 별의 내부에서 탄소와 산소가 만들어질 때 이미 준비된 헬륨이 사용된다. 원자번호가 6인 탄소는 헬륨이 3개, 원자번호가 8인 산소는 헬륨이 4개 뭉친 것이다.

쿼크들은 양성자와 중성자에서 강한 핵력이라고 불리는 자연에서 가장 강한 힘으로 붙잡혀 있다. 강한 핵력은 핵을 벗어나면 작용하지 않는 특이한 힘이다. 쿼크 모델을 제안한 겔만은 1969년 노벨물리학상을 수상했다. 2004년 노벨물리학상은 쿼크 사이의 강한 핵력을 설명한 그로스, 폴리처, 윌첵에게 돌아갔다.

양성자의 전하는 1이다. 양성자의 전하와 양성자에 들어 있는 업쿼크와 다운쿼크의 수로부터 업쿼크와 다운쿼크의 전하를 구할 수 있나 생각해보자. 업쿼크의 전하를 u, 다운쿼크의 전하를 d라고 하면 다음 관계가 성립한다.

$$2u + d = 1$$

물론 이것만 가지고는 업 쿼크와 다운 쿼크의 전하가 정해지지 않는다. 예를 들면 u가 1이고 d가 −1라면 이 식이 성립한다. u가 0이고 d가 1이라고 해도 상관없다.

그런데 업 쿼크 한 개와 다운 쿼크 두 개로 이루어진 중성자는 전하가 0이다.

$$u + 2d = 0$$

이렇게 되면 미지수가 둘이고 식도 둘인 연립방정식을 푸는 문제가 된다.

$$2u + d = 1 \quad (1)$$

$$u + 2d = 0 \quad (2)$$

(1)+(2)에서 $3(u + d) = 1$, $u + d = 1/3$ (3)

(1)−(3)에서 $u = 2/3$

(2)−(3)에서 $d = -1/3$

빅뱅 우주에서 쿼크가 생긴 것은 우주의 나이가 0.0000000001초 이전이라고 한다. 그리고 이 시간의 100만 배 정도 되는 시간이 흘렀을 때, 즉 우주의 나이가 0.00001초 정도일 때 세 개의 쿼크가 위와 같이 조합을 이루어 양성자와 중성자가 만들어졌다.

소 수(小數)

쿼크가 생긴 시간 : 0.00000000001(10^{-11})초 이전

양성자와 중성자가 생긴 시간 : 0.00001(10^{-5})초

우주 역사에서 물리 법칙을 적용할 수 있는 가장 처음 시간을 플랑크 시간이라고 한다. 플랑크 시간은 소수점 아래 0을 42개 붙이고 1을 적어야 하는 짧은 시간이다. 소수로 적기에는 너무 불편하고 10^{-43}초라고 지수로 적는 것이 편하다.

마치 자연은 전하가 1인 양성자와 0인 중성자를 만들기 위해 137억 년 전 빅뱅의 순간에 연립방정식을 풀어서 업쿼크의 전하를 2/3로, 다운쿼크의 전하를 −1/3로 정해놓은 듯하다.

김춘수의 시 〈꽃〉은 다음과 같이 시작된다. "내가 그의 이름을 불러주기 전에는 그는 다만 하나의 몸짓에 지나지 않았다. 내가 그의 이름을 불러 주었을 때 그는 나에게로 와서 꽃이 되었다." 겔만이 그의 이름을 불러주기 전에는 쿼크는 다만 하나의 점 입자에 지나지 않았다. 빅뱅 우주에서부터 있었던 쿼크의 존재를 알아채는 데 137억 년이 걸렸다. 우주의 기원을 포함해서 자연을 이해하는 것은 생명을 가진 인간이 할 수 있는 가장 가치 있는 일의 하나이다.

뭉쳐야 산다. 생명을 위한 뭉치기는 이와 같이 쿼크 뭉치기로 시작되었다. 아레시보 메시지의 첫 번째 원소인 수소의 원자번호 1은 양성자 하나를 나타낸다. 하나의 양성자를 만들기 위해 그렇게 첫

번째 쿼크 뭉치기가 있었나보다.

⊙ 두 번째 뭉치기: 양성자 뭉치기

쿼크 뭉치기를 통해 양성자가 생긴 다음에는 이 양성자들을 뭉쳐서 원자번호가 2인 두 번째 원소와 그보다 더 무거운 원소들을 만들어야 한다. 그런데 빅뱅 우주에서 양성자 두 개를 모아 원자번호가 2인 두 번째 원소를 만들려고 할 때 심각한 문제가 발생한다. 음과 양은 끌리지만 양과 양은 서로 밀쳐내기 때문이다. 더구나 원자핵처럼 좁은 공간에서는 거리의 제곱에 반비례하는 반발력은 거의 무한으로 치솟는다. 무슨 특단의 조치가 없이는 수소보다 무거운 원소를 만든다는 것은 불가능해 보이는 상황이다.

자연의 네 가지 힘 중에서 전자기력과 중력은 핵 안에서만 작용하는 강한 핵력이나 약한 핵력과 달리 무한대 거리에서도 힘이 0이 되지 않는다. 전기적인 힘은 전하가 반대이면 끄는 힘(인력)이고, 전하가 같으면 밀어내는 힘(척력)이다. 중력은 항상 끄는 힘이다. 이 두 힘의 크기는 거리의 제곱에 반비례한다. 따라서 양성자 두 개 사이의 거리가 0에 가까워지면 척력은 거의 무한대가 된다.

- **쿨롱의 법칙** 정전기력 $\propto 1/r^2$
- **뉴턴의 중력의 법칙** 중력 $\propto 1/r^2$

이에 대비해서 자연은 빅뱅의 순간에 중성자를 준비해놓았다. 중성자는 양성자나 전자와 달리 전하가 없기 때문에 양성자와 반발하지 않는다. 대신 중성자는 강한 핵력이라는 힘으로 양성자를 강하게 붙잡을 수 있는 능력을 가지고 태어났다. 강한 핵력은 양성자와 중성자에서 쿼크들을 붙잡아주는 힘이다. 그리고 강한 핵력은 전자기력보다 100배나 강한 힘이다. 양성자와 중성자가 충돌하면 양성자와 중성자의 쿼크들이 강하게 상호 작용하여 이중수소(deuterium)가 만들어진다. 이중수소가 둘이 모이면 헬륨이 된다.

어느 집안에 사이가 좋지 않은 아들 둘이 있다고 하자. 이 둘이 서로 밀쳐내는 힘보다 100배나 강한 사랑의 힘을 가진 부모가 이 둘 사이에 들어서서 양손을 내밀어 강강수월래를 하듯이 두 아들의 손을 잡는다면 단단한 4인 핵가족이 성립될 것이다. 우주의 나이가 3분쯤 되었을 때 중성자를 매개로 해서 원자번호가 2인 헬륨이 생긴

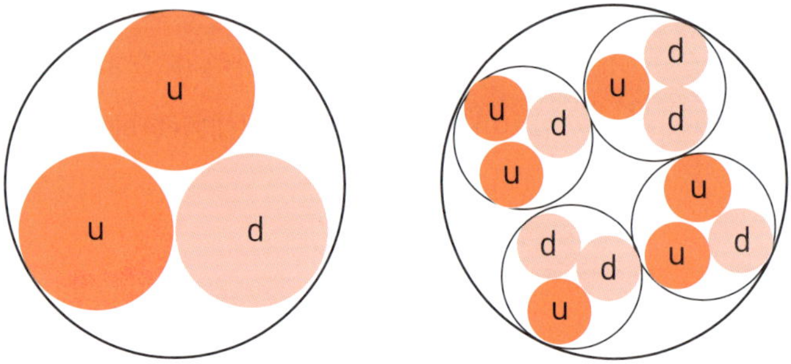

것은 우주의 역사에서 두 번째로 일어난 중요한 뭉치기이다. 주기율표가 두 배로 늘어난 것이다.

처음 3분간은 중성자를 통한 핵융합이 가능하다는 것을 시범적으로 보여준 중요한 시기이다. 급격히 팽창하는 초기 우주에서 헬륨이 만들어지지 못했다면 우주는 수소의 우주로 끝났을지도 모른다. 수소만 가지고는 생명을 만들 수 없다.

중성자는 양성자와 질량이 비슷하다. 따라서 양성자 두 개와 중성자 두 개로 이루어진 헬륨의 질량은 양성자 네 개의 질량과 비슷하다. 대부분의 수소는 양성자 한 개로 이루어졌다. 그러니까 헬륨은 수소보다 4배 정도 질량이 큰 셈이다. 이처럼 대충의 질량을 비교할 때는 양성자 수와 중성자 수의 합을 비교하는 것이 편하다. 양성자 수와 중성자 수의 합을 질량수라 한다. 수소의 질량수는 1, 헬륨의 질량수는 4인 것이다. 질량수는 정확한 질량의 근사치이다.

양성자가 하나면 수소, 둘이면 헬륨인 것처럼 양성자 수를 세면 어느 원자가 어떤 원소의 원자인지 알 수 있다. 양성자 수를 원자번호라 한다. 원자번호, 질량수 모두 자연수이다.

빅뱅 우주에서 만들어진 수소 전체의 질량이 헬륨 전체 질량의 3배(질량비가 3:1) 정도라면 개수의 비는 얼마일까? 수소보다 4배나 무거운 헬륨이 모여 수소 질량의 3분의 1을 차지한다면 개수로는 수소의 1/3보다 4배 작을 것이다.

개수 비 $= (3/1):(1/4) = 12:1$

우주의 대부분은 수소와 헬륨이고, 개수로 수소가 헬륨보다 10배 정도 많다. 10은 12의 근사치이다.

생명을 기대하는 입장에서는 중성자를 매개로 헬륨을 만든 원리를 사용해서 빨리 더 무거운 탄소, 질소, 산소, 인 등을 만들어야 하겠지만, 급격히 팽창하는 빅뱅 우주에서는 온도와 입자의 밀도가 급격히 떨어지기 때문에 더 이상의 원소의 생성은 일어나지 않고 우주는 팽창을 계속한다. 입자들이 만나야 융합이 일어날 텐데 입자들 사이의 거리가 늘어나면 만날 확률이 떨어지고, 온도가 떨어지면 양성자들 사이의 반발을 극복하는 데 필요한 에너지가 부족해진다. 그나마 헬륨을 만든 것만 해도 다행한 상황이다.

렙톤

중력 작용을 영어로는 gravitation라고 하고, 가벼워서 위로 뜨는 것을 levitation이라고 한다. 자기적인 힘으로 레일 위에 살짝 떠서 마찰 없이 달리는 열차를 자기부상열차라고 할 때도 같은 단어가 사용된다.

쿼크가 만들어진 빅뱅 우주에서는 쿼크와 달리 가벼운 소립자들도 만들어졌다. 쿼크에 여섯 종류가 있듯이 가볍다는 뜻에서 렙톤(lepton)이라고 불리는 가벼운 소립자에도 여섯 종류가 있다. 전자

(electron), 전자뉴트리노(electron neutrino), 뮤온(muon), 뮤온뉴트리노(muon neutrino), 타우(tau), 타우뉴트리노(tau neutrino)가 바로 여섯 가지 렙톤이다.

특히 전자는 후일 원자들의 화학결합을 가능하게 하고, 금속이나 반도체 등의 특성을 나타내기 때문에 생명 현상과 인류 문명에 필수적인 렙톤이다.

처음 3분간에는 우주의 온도가 너무 높아서 전자는 양성자나 헬륨의 원자핵에 결합하지 못하고 따로 자유롭게 운동하면서 우주가 식기를 기다리고 있다.

1막 3장 **처음 30만 년**

⊙ 세 번째 뭉치기: 원자 탄생

우리 몸을 포함해서 우리 주위의 대부분의 물질은 중성원자로 만들어졌다. 우리 몸에는 대충 1에 0을 28개 붙인 개수의 원자가 들어 있다. 이것은 1백조에 1백조를 곱한 수이다. 사람의 몸에 그렇게 많은 원자가 들어 있다면 그것은 원자가 아주 작고 가볍다는 것을 뜻한다.

빅뱅 후 처음 3분 동안 만들어진 수소와 헬륨 입자들은 양전하를 가지고 있다. 양성자 한 개인 수소는 +1의 전하를, 양성자 두 개와 중성자 두 개로 이루어진 헬륨은 +2의 전하를 가진다. 양전하끼리는 밀어내기 때문에 양전하를 가진 입자들을 뭉쳐서 사람을 만들 수는 없다. 여러 개의 원자들이 모여서 몸을 이루려면 원자 하나하나는 전기적으로 중성이어야 한다. 처음 3분간에 만들어진 수

소와 헬륨은 지금 우리 입장에서 보면 수소와 헬륨의 원자핵이다. 인간은 원자를 먼저 발견하고 그 후에 원자의 중심에 자리잡고 있는 핵을 발견했지만, 원자가 만들어질 때는 양성자가 먼저 만들어진 다음 하나의 양성자에 하나의 전자가 결합해서 중성 수소 원자를 만들고, 두 개의 양성자와 두 개의 중성자가 뭉쳐진 헬륨 입자에는 두 개의 전자가 결합해서 중성 헬륨 원자를 만들었다.

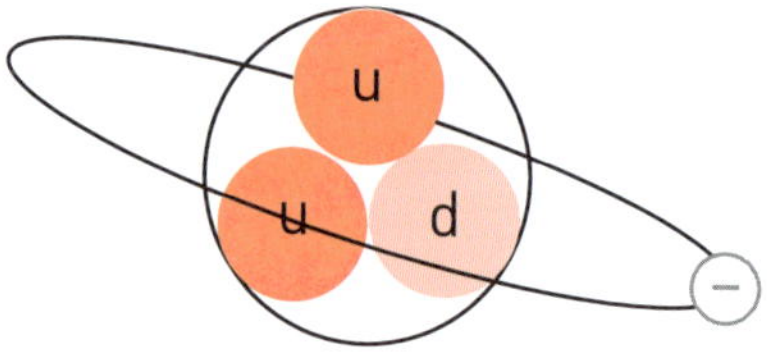

우주의 나이가 3분 정도였을 때 우주의 온도는 10억 도 정도나 된다. 이렇게 높은 온도에서는 전자의 운동에너지가 너무 높아서 양성자에 붙잡혀 있지 못한다. 팽창하는 우주의 나이가 30만 년 정도가 되면 우주의 온도는 3천 도 정도로 떨어진다. 이제 운동에너지를 많이 잃어버린 전자는 양성자의 양전하에 끌려 중성원자를 만든다.

우주의 나이(t; 단위, 초)에 따라 우주의 온도(T; 단위, K)를 대충 계산할 수 있는 편리한 식이 있다.

$$T = (10^{10})/(t^{1/2})$$

몇 가지 중요한 시간에 대해 우주의 온도를 구해보자.

- **1초** 약 10^{10} (백억)도
- **3분** 약 10^{9} (십억)
- **30만 년** 약 3천 도
- **150억 년** 약 10도

나이가 1초일 때 100억 도 정도로 뜨겁던 우주는 팽창을 거듭하여 현재는 절대 온도로 10도 정도까지 식었다. 실제로 측정된 우주 배경복사는 2.7K이다.

온도는 우주의 나이의 제곱근에 반비례한다. 우주의 온도가 현재 온도의 10배 정도인 것은 얼마 전일까? 100의 제곱근은 10이다. 따라서 우주의 나이가 현재 나이의 100분의 1정도, 즉 1.5억 년 정도일 때 우주의 온도는 현재 온도 2.7K의 약 10배인 30K 정도였으리라 생각된다. 흥미롭게도 이것은 우주에서 처음 은하와 별이 생겨난 시기이다. 별은 냉혹한 우주에서 탄생한 것이다.

양성자의 전하는 +1인 양수이다. 그리고 전자의 전하는 -1인 음수이다. 수소 원자는 한 개의 양성자와 한 개의 전자로 이루어졌다. 그래서 수소 원자의 전하는 영(零)이다. 다른 모든 원자들도 양성자와 전자의 수가 같기 때문에 전체적으로 전하가 0인 중성원자이다.

입자와 반입자가 만나면 전하가 서로 상쇄되어 0이 되고 질량은 순수한 에너지로 바뀐다. 전자(electron)는 전하가 −1인 입자이고, 양전자(positron)는 전자와 질량은 같고 전하는 반대로 +1인 반입자이다. 전자와 양전자가 만나면 전자와 양전자는 사라지고 감마선이 나온다. 마찬가지로 에너지는 입자와 반입자의 쌍으로 바뀔 수 있다.

또 하나 잘 알려진 0은 진공이다. 토리첼리는 증기압이 낮은 액체 수은을 사용해서 좋은 진공을 얻었다. 이상적인 진공에서는 주어진 부피에 들어 있는 원자, 분자의 수가 0이다.

0은 아주 작은 수인 0.0000000001과는 전혀 다른 수이다. 0은 아무리 곱해도 0이지만 아무리 작은 티끌이라도 모이면 태산이 될 수 있다.

	양성자 수	양전하	전자 수	음전하	전체 전하
수소	1	+1	1	-1	0
헬륨	2	+2	2	-2	0

종류가 다른 원자들의 양전하는 +1, +2, +3 같이 자연수이고, 음전하는 −1, −2, −3 같은 음수이다. 종류에 관계없이 원자의 전체 전하는 0이다.

0을 포함해서 이와 같은 수의 전체 집합을 정수(整數)라고 한다.

우주의 역사에서 중성원자가 만들어지는 것은 아주 중요한 단계이다. 『파인만 씨, 농담도 잘 하시네』라는 저서로 일반인에게도 잘 알려진 천재 물리학자 리처드 파인만(Feynman)은 세상의 모든 지식이 파괴되고 단 한 가지만을 후대에게 물려줄 수 있다면 자신은 모든 물질은 원자로 이루어졌다는 사실을 택하겠다고 말했다. 원자는 그만큼 기본적이다. 그러나 원자는 아주 작기 때문에 원자가 존재한다는 사실을 파악하는 데도 오랜 기간이 걸렸다. 이제는 특수한 주사현미경으로 개개의 원자를 보기도 하고 붙잡아서 다른 자리로 옮기기도 한다. 그러나 그리스의 철학자 데모크리토스가 제창한 원자설이 아리스토텔레스에 밀려 2천 년이나 빛을 못 보다가 돌턴에 의해 부활된 것은 불과 200년 전의 일이다. 40억 년 생명의 역사를 1년으로 환산한다면 1월 1일 지구상에 단세포 생물이 처음 태어난 후, 12월 31일 밤 11시 59분 58초가 되어서야 원자로 이루어진 인간이 자신을 구성하는 원자를 비로소 파악한 셈이다.

양성자와 전자가 결합해서 중성원자를 만든 것은 우주의 역사에서 아주 중요한 세 번째 뭉치기였다.

색즉시공(色卽是空)

우주의 나이가 30만 년 정도 되어 처음 중성원자가 만들어질 때 이해하기 어려운 상황이 벌어졌다. 양성자의 지름은 10^{-15}(천조 분의 1) 미터 정도이다. 전자는 양성자보다 2천분의 1 정도로 가볍고 작다. 그렇다면 양성자와 전자가 뭉쳐 만들어진 수소 원자의 크기도 10^{-15}미터 정도일 법하다. 그런데 만들어진 수소 원자를 보니 예상보다 십만 배나 크다. 1913년에 덴마크의 물리학자 닐스 보어(Bohr)가 계산해낸 수소 원자의 반지름(Bohr radius)은 0.5옹스트롬 정도이다.

- **수소 원자의 지름** 약 1×10^{-10}미터 = 1옹스트롬
- **수소 원자핵(양성자)의 지름** 약 1×10^{-15}미터 = 1페르미
- **수소 원자의 크기 / 양성자의 크기** = 약 10^5

태양계와 원자는 어느 쪽이 더 중심에 집중되어 있을까?

이 기이한 현상을 어떻게 설명할 수 있을까? 그에 앞서 고전적으로 생각하면 전자가 양성자에 끌릴 때 어떤 일이 일어날지를 자세히 살펴보기로 하자.

- **뉴턴의 제2법칙** $f = ma$(힘 = 질량 × 가속도)
- **쿨롱의 법칙** $f \propto e_1e_2/r^2$ (e_1과 e_2는 두 입자의 전하, r은 입자간의 거리)

높은 온도의 초기 우주에서 양성자와 별도로 격렬한 운동을 하고 있던 전자는 우주의 온도가 3천 도 정도로 떨어지면서 기력을 잃고 양성자의 양전하를 느끼기 시작한다. 양성자에서 멀리 떨어져 있을 때 전자가 느끼는 힘은 약하다. 쿨롱의 법칙에 따르면 정전기적 인력은 거리의 제곱에 반비례하기 때문이다. 그런데 뉴턴의 제2법칙에 따르면 질량이 m인 입자가 얻게 되는 가속도는 힘에 비례한다. 따라서 전자가 양성자에서 멀리 있을 때는 가속도가 작다.

가속도가 붙어서 전자가 양성자에 약간 끌려가서 거리가 감소하면 더 큰 힘을 받게 되고, 그 힘은 또 가속도를 가져오고 이렇게 힘과 가속도는 상승작용을 나타낸다. 〈딥 임팩트〉나 〈아마겟돈〉 같은 영화에서 상정했듯이 소행성이 지구에 충돌하는 경우에도 비슷한 상황이 벌어질 것이다. 처음에는 서서히 지구에 접근하던 소행성은 지구에 가까워질수록 만유인력에 의해 가속도가 붙어 지구에 충돌할 때까지 계속 속도가 증가할 것이다.

달리고 있는 세 대의 자동차가 있다. 이들의 속도를 1초 간격으로 측정했더니 다음과 같은 값들이 얻어졌다.

시간(t, 초)	0	1	2	3	4	5
차 1	10	10	10	10	10	10
차 2	10	12	14	16	18	20
차 3	10	12	15	19	20	18

차1은 초속 10미터의 일정한 속도로 달리고 있다. 즉 0초와 1초 사이에 속도는 변화하지 않았다. 그 다음에도 마찬가지다. 이 경우에 가속도는 0이다.

$$가속도 = 속도의\ 변화/시간의\ 변화 = \triangle v/\triangle t$$
$$= (0미터/초)/(1초) = 0미터/초^2$$

차2는 t = 0일 때부터 속도를 올리고 있다. 0초와 1초 사이에 속도는 2미터/초만큼 증가했다. 그 다음에도 일정하게 1초 사이에 속도는 2미터/초만큼 증가하고 있다. 이 경우에 가속도는 일정하다.

$$가속도 = (2미터/초)/(1초) = 2미터/초^2$$

차3은 속도가 증가하다가 나중에는 감소한다. 1초 사이에 속도가 변화하는 비율도 변한다. 이 경우에는 가속도 자체가 변한다.

세 경우에 시간을 x-축으로, 속도를 y-축으로 하여 그래프를 그

려보자. 차 1의 경우에는 x-축과 평행한 직선이, 차2의 경우에는 기울기가 2인 직선이 얻어질 것이다. 차3의 경우에는 처음에는 기울기가 증가하다가 3초부터는 기울기가 감소하고, 4초부터는 기울기가 마이너스가 된다. 3초에 브레이크를 밟은 것을 알 수 있다.

차2의 경우에는 기울기가 일정하기 때문에 시간 간격을 짧게 잡아도 (예를 들면 2.0초와 2.1초 사이) 가속도는 2미터/초^2 로 1초 사이의 평균변화율과 똑같다.

$$\text{가속도} = \triangle v/\triangle t = 2\text{미터}/\text{초}^2 \qquad (\text{일정})$$

그러나 차3의 경우에는 2.0초와 2.1초 사이의 기울기와 2초와 3초 사이의 기울기는 차이가 난다. 따라서 어느 순간의 가속도를 알려면 시간 간격을 아주 작게 잡고 그 시간 동안의 속도 변화를 재야한다. 아주 미세한 부분이라는 의미에서 이런 경우에 변한 양을 미분(微分)이라고 한다. 속도를 시간으로 미분하면 가속도가 얻어진다.

$$\text{가속도} = dv/dt \qquad (\text{매순간 다름})$$

양성자를 향해 끌려가던 전자는 문득 문득 어떤 안정감을 느낀다. 에너지 준위가 느껴지는 것이다. 그래도 양성자에 가까워질수록 전자는 더 큰 힘을 느끼며 양성자를 향해 가속 행진을 계속한다.

정말 믿기 어려운 일은 그 다음에 일어난다. 양성자는 아직 까마득한데 전자의 가속은 급브레이크를 당한다. 양성자로부터 후일 보어 반경(0.5옹스트롬)이라 불리게 되는 거리에서이다. 전자는 이 바닥 에너지 준위에서 정지를 강요당하고 크기는 정확히 같고 부호만 반대인 전하를 가진 양성자와 어울려 우주 최초의 중성원자를 만들게 된다.

전자의 입장에서 선뜻 받아들이기 어려운 일은 자기에게 에너지 준위를 지정해 주고 보어 반경에 머물러 있게 만든 양성자는 아직 까마득히 멀리 있는, 그리고 크기가 보어 반경의 10만분의 1밖에 안 되는 작은 입자라는 사실이다. 마치 소행성 하나가 명왕성 위치에 돌입했는데 까마득히 보이는 태양이 더 이상 접근을 막고 있는 격이다.

1920년대에 본격적인 양자역학이 발전하면서 이 현상은 전자를 입자뿐이 아니라 파동으로 이해하면서 설명된다. 전자가 양성자에, 즉 핵에 접근할수록 전자의 파장은 짧아지고 운동에너지는 커져서 핵에서 멀어지는 것이다.

아무튼 우주에 비로소 원자가 태어났다. 파인만이 물질세계는 원자로 이루어졌다는 사실은 다른 어떤 지식과도 바꿀 수 없다고 말한 바로 그 원자가 말이다. 그런데 그 원자는 태양과 명왕성 사이가 비어있는 것보다 더 비어 있다. 원자 하나하나가 텅 비어 있다면 우주 전체의 별보다 많은 원자들로 이루어진 우리 몸도 실상은 텅 비어 있는 셈이다. 그야말로 색즉시공이다. 이런 놀라운 사실은 어떻게

알려졌을까?

200년 전 영국의 돌턴(Dalton)이 2천 년이나 사장되어 있던 데모크리토스의 원자론을 부활시킬 때 그는 원자는 더 나눌 수 없는 딱딱한 입자라고 생각했다. 그러나 약 100년 후 원자 내부에는 양성자, 중성자, 전자가 들어 있는 것이 밝혀졌다. 양성자, 중성자, 전자 모두 빅뱅의 순간에 만들어진 입자들이다. 이들 3종류의 입자는 원자 내부에 어떻게 자리잡고 있을까?

한밤중에 고속도로를 질주하는 만취 운전사가 있다고 하자. 갑자기 눈앞에 경찰차가 죽 늘어서서 길을 가로막고 있는 것이 보인다면 정신이 번쩍 들어 급히 브레이크를 밟고 180도 방향을 바꾸어 오던 길로 달아날 것이다. 여의도 광장처럼 넓은 길에 경찰차가 100미터 간격으로 늘어서 있다면 만취 운전사가 탄 차는 경찰차 사이로 쌩하고 지나갈 확률이 높다. 만일 경찰차가 경부고속도로에 한 대, 중앙고속도로에 한 대 정도씩 있는 상황이라면 만취운전사 입장에서 전국의 방범망은 텅 비어 있는 셈이다.

다윗이 물매로 돌을 가속시켜 거인 골리앗을 넘어뜨렸듯이 가속된 입자는 파괴력을 가진다. 입자가속기가 생기기 전 1896년에 방사능이 발견되면서 인간은 원자의 내부를 들여다볼 수 있는 강력한 수단을 가지게 되었다. 방사능의 일종인 알파입자는 높은 에너지를 가진 천연의 가속된 입자인 것이다. 1911년 뉴질랜드 출신의 러더퍼드(Rutherford)는 알파입자를 얇은 금박지에 충돌시키자 대부분은 그

대로 금박지를 통과하지만, 약 만 번에 한번은 알파입자가 정면으로 튕겨 나오는 것을 관찰했다. 만 번을 텅 빈 경찰차 사이로 빠져나가던 만취운전사가 억세게 운이 나쁘게도 한번 경찰차와 정면으로 마주친 것과 같이 알파입자가 만 번에 한번 금의 원자핵에 충돌한 것이다. 러더퍼드는 이때 일을 "그것은 마치 15인치 대포알을 티슈 종이에 쏘았는데 대포알이 튕겨 나와 나를 친 것과도 같이 믿을 수 없는 일이었다"라고 술회했다.

이 만 번에 한 번 있는 충돌은 러더퍼드에게 전자보다 무겁고 양전하를 가진 양성자는 원자의 중심에 집중되어 있다는 엄청난 비밀을 알려주었다. 러더퍼드가 원자핵을 발견하면서 불의 사용, 전기의 발견에 비할 수 있는 원자력 시대(atomic age)의 서막이 올랐다. 원자는 너무나 작아서 세계 인구만한 개수의 원자를 바늘 끝 정도의 면적에 올려놓을 수 있는 정도이다. 그런데 태양계 전체 무게의 대부분이 중심의 태양에 모여 있듯이 원자 무게의 대부분이 중심의 원자핵에 집중되어 있다. 그리고 태양으로부터 명왕성까지 태양계의 대부분 공간이 아홉 개의 행성과 위성들, 소행성들을 제외하고는 텅 비어 있듯이 원자핵 바깥은 아주 작고 가벼운 전자들을 제외하고는 역시 텅 비어 있다. 그런데 이 원자핵에 많은 에너지가 저장되어 있고, 원자핵이 둘로 쪼개질 때 엄청난 에너지가 나온다. 이 에너지를 파괴에 사용하면 핵폭탄이 되지만 평화적으로 사용하면 발전의 수단이 된다.

수 소의 선 스펙트럼

몇 개의 수가 나열되어 있을 때 순서의 어떤 규칙을 찾아내는 것도 재미있는 일이다. 1, 3, 5, 7 다음에 무슨 수가 올까 하면 누구나 쉽게 9라고 답할 수 있다. 수학에서 제일 유명한 수열은 어떤 수는 그 앞 두 수의 합과 같은 피보나치수열일 듯하다.

- **피보나치수열** 1, 1, 2, 3, 5, 8, 13, 21, 34, 55, 89……

1202년에 피보나치(Fibonacci)가 출판한 계산서라는 책에는 토끼 수수께끼 이야기가 나온다. 새로 태어난 토끼 한 쌍이 우리에 들어 있다. 새로 태어난 토끼는 한 달 동안 성장하면 짝짓기를 해서 한 달 뒤에 새로운 토끼 한 쌍을 낳고 다시 짝짓기를 한다. 1월에 한 쌍으로 출발한 토끼 쌍이 늘어가는 양상을 표로 나타내 보자.

	갓난 토끼 쌍	자란 토끼 쌍	전체 토끼 쌍
1월	1	0	1
2월	0	1	1
3월	1	1	2
4월	1	2	3
5월	2	3	5
6월	3	5	8
7월	5	8	13

물론 토끼는 죽지 않고 모두 이런 패턴을 따른다고 가정한 결과이다. 예컨대 5월의 전체 토끼 쌍 수는 6월에는 자란 토끼 쌍 수가 되고, 5월의 자란 토끼 쌍 수는 6월에는 갓난 토끼 쌍 수가 된다. 그런데 5월의 자란 토끼 쌍 수는 4월의 전체 토끼 쌍 수이다. 따라서 6월의 전체 토끼 쌍 수는 5월과 4월의 전체 토끼 쌍 수를 합한 것이 된다. 이처럼 피보나치수열에서 어느 수는 그 앞의 두 수를 합한 수이다. 토끼가 증식하는 것은 자연 현상이고 보면 역시 수학은 자연의 언어라는 명제가 실감이 간다.

식물, 조가비, 나선은하, 인체, 음악 등 자연에는 여기저기에서 피보나치수열을 찾아볼 수 있다. 꽃잎의 수가 피보나치수인 것의 예를 들어보자.

2 : 털이슬	**3** : 붓꽃
5 : 먹을 수 있는 과일	**8** : 일부 데이지
13 : 금송화	**21** : 많은 야생화

피보나치수열을 사용해 다음과 같은 분수의 수열을 만들어보자.

0/1, 1/1, 2/1, 3/2, 5/3, 8/5, 13/8, 21/13, 34/21, 55/34……

이 수열은 황금분할이라고 알려진 1.61803398875...에 접근해 간다.

과학에서 제일 중요한 수열은 발머 계열(Balmer series)이라고 불리는 수열이다.

• **발머 계열** 456.7 616.7 690.7 730.9 ……

이 수열을 어떤 수식으로 표현할 수 있을까? 두 수 사이의 차이를 계산해 보면 160, 74.0, 40.2 식으로 작아지는 것을 알 수 있지만 그 이상의 규칙성을 찾기는 쉽지 않다. 그렇다고 쉽게 포기하지는 말자. 이 수열의 비밀을 풀면서 원자와 같은 미시세계에 적용되는 양자역학이라는 자연의 기본 원리가 확립되었다면 여기에 어떤 우주적인 법칙이 숨어 있는 것이 틀림없기 때문이다.

우주에 가장 풍부하고 별과 은하의 주성분인 수소에 에너지를 가하면 수소의 전자가 높은 에너지 상태로 올라갔다가 다시 안정한 상태로 내려오면서 빛을 낸다. 그 빛은 맨 눈으로 볼 때는 분홍색 장밋빛이다. 그래서 많은 천체 사진은 장밋빛이다. 그런데 수소가 내는 빛을 프리즘 같은 장치를 써서 분리해 보면 파장이 다른 몇 개의 선

으로 갈라진다. 이를 수소의 선스펙트럼이라고 한다.

발머 계열의 수는 관찰된 수소 선스펙트럼의 선의 위치를 진동수로 나타낸 것이다. 단위는 10^{12}, 즉 테라(tera) 헤르츠이다.

- 진동수(frequency)

  = 광속(2.998×10^8m/s) / 파장(wavelength)

• 킬로(kilo)	10^3	• 밀리(milli)	10^{-3}
• 메가(maga)	10^6	• 마이크로(micro)	10^{-6}
• 기가(giga)	10^9	• 나노(nano)	10^{-9}
• 테라(tera)	10^{12}	• 피코(pico)	10^{-12}
• 페타(peta)	10^{15}	• 펨토(femto)	10^{-15}
• 엑사(exa)	10^{18}	• 아토(atto)	10^{-18}
		• 젭토(zepto)	10^{-21}

1885년에 스위스의 수학교사였던 발머는 위의 수열을 다음과 같은 수식으로 나타낼 수 있는 것을 알아냈다. 등호가 성립하는지 스스로 확인해보자.

• **발머 계열**

$$456.7 = 3289(1/4-1/9) = 3289(1/2^2-1/3^2)$$

$$616.7 = 3289(1/4-1/16) = 3289(1/2^2-1/4^2)$$

$$690.7 = 3289(1/4-1/25) = 3289(1/2^2-1/5^2)$$

$$730.9 = 3289(1/4-1/36) = 3289(1/2^2-1/6^2)$$

그런데 왜 수소의 스펙트럼이 그런 식으로 표현될 수 있는 구조를 가지는지는 19세기에서 20세기로 넘어가면서 남아 있는 중대한 과학의 수수께끼 중 하나였다. 1913년에 덴마크의 물리학자 닐스 보어는 발머 계열의 의미를 풀어냈다. 수소 원자에 들어 있는 전자의 에너지값은 불연속적이다. 마치 계단을 올라갈 때 한 단 한 단 올라갈 수는 있지만 반 계단을 올라갈 수는 없는 것과 마찬가지다. 그렇다면 계단에서 내려올 때도 한 단씩, 또는 한 번에 두세 단씩을 뛸 수는 있지만 한 단 반을 뛸 수는 없다. 그리고 보니 456.7테라헤르츠는 세 번째 에너지 준위로 올라간 전자가 두 번째 준위로 떨어질 때 내는 빛에 해당한다. 마찬가지로 616.7테라헤르츠는 네 번째 준위에서 두 번째 준위로 떨어질 때 내는 빛의 진동수다.

앞서 살펴보았듯이 고전적으로 생각하면 전자는 양성자에게 끝까지 끌려가서 양전하와 음전하 사이에 방전을 일으키면서 충돌해야 한다. 그런데 미시세계에는 에너지가 연속적이 아니고 불연속적이다. 이러한 양자역학적 원리는 보어가 수소의 선스펙트럼을 설명

하면서 확실히 자리잡게 되었다.

아날로그와 디지털

옛날 시계에서는 초침이 한바퀴를 돌면 1분, 분침이 한바퀴 돌면 1시간, 그리고 시침이 한바퀴 돌면 12시간을 나타냈다. 초침은 매초 한 번씩 움직이는 것 같지만 그래도 초침은 공간을 연속적으로 통과한다. 이런 시계는 아날로그시계이다. 한편 액정화면에 시간이 초 단위로 수치로 나타나는 시계는 디지털시계이다.

발머와 보어가 보여준 대로 원자 내에서 에너지는 디지털이다. 보어 이전에 플랑크(Planck)도 흑체의 에너지가 디지털이라는 것을 보여주었다. 또 아인슈타인은 빛 자체도 디지털 입자(광자)인 것을 보여주었다. 플랑크, 아인슈타인, 보어는 이러한 양자론에 대한 업적으로 각각 1918, 1921, 1922년 노벨물리학상을 수상했다.

과학에서 중요한 또 하나의 수열은 원자 내의 전자껍질에 들어갈 수 있는 전자의 수를 나타내는 2, 8, 18, 32…의 수열이다.

주양자수가 n인 전자껍질에 들어갈 수 있는 전자의 수는 $2n^2$으로 주어진다.

$n = 1$에 해당하는 $2(1)^2 = 2$는 헬륨이 안정한 이유를, $n = 2$에 해당하는 $2(2)^2 = 8$은 네온이 안정한 이유를 설명해준다. 전자가 하나인 수소 원자 둘이 모여 전자를 공유함으로써 헬륨의 전자구조를

가지는 안정한 수소분자를 만든다. 원자번호가 10인 네온은 열 개의 전자를 가지고 있다. 그 중 두 개는 헬륨과 같이 제일 바닥 전자껍질에 들어간다. 나머지 여덟 개의 전자가 두 번째 전자껍질을 채우면 두 번째 비활성기체인 네온이 된다. 많은 중요한 화합물을 만드는 데 관여하는 탄소, 질소, 산소 등은 두 번째 전자껍질에 여덟 개의 전자를 채워 안정한 네온의 전자구조를 가지는 방식으로 결합을 이룬다. 그래서 공유결합의 원리를 옥텟규칙으로 설명한다.

우주배경복사

우주의 나이가 30만 년 정도가 되어 우주가 3천 도 정도로 식었을 때 처음으로 중성원자가 생기면서 137억 년 후에 인간이 우주의 기원을 조사하는 데 결정적인 단서가 될 일이 일어난다. 전자가 양성자와 헬륨원자핵에 붙잡혀 원자의 일부가 되기 이전, 즉 전자가 자유로울 때는 빛이 전자와의 상호작용을 통해 붙잡혀 있다. 그러다가 전자가 원자에 붙잡히면 빛은 전자로부터 자유로워지고, 이때 나온 빛은 우주 전체를 채운다. 3천 도에 해당하는 이 빛은 대부분 가시광선 영역에 해당한다. 물론 당시에는 시각을 가진 생명체가 없었기 때문에 볼 수 있다는 말의 의미가 모호하지만, 그 순간을 지켜보는 사람이 있었다면 네온사인처럼 뿌옇던 우주가 갑자기 장밋빛으로 충만하게 되는 놀라운 장면을 보았을 것이라는 뜻이다.

그런데 빅뱅의 순간부터 30만 년 동안 팽창해 온 우주는 그 후로

윌슨과 펜지어스

도 팽창을 계속하며 식어간다. 공간이 팽창하면 빛의 파장이 팽창하는 결과를 가져온다. 러시아 출신 물리학자 가모브(Gamow)는 3천도의 우주를 채우고 있었던 가시광선이 현재 우주에는 5K 정도의 에너지로 남아 있으리라 예측했다. 1965년에 벨연구소의 펜지어스와 윌슨은 우연히 우주를 가득 채우고 있는 3K에 해당하는 마이크로파를 검출했다.

방송이 끝난 후에 TV를 켜놓으면 잡음이 잡힌다. 그 중 1% 정도는 빅뱅의 여파인 우주배경복사라고 한다. 우주배경복사가 발견된 후 빅뱅 우주론은 확실한 기반 위에 놓이게 되었다. 펜지어스와 윌슨은 1978년 노벨물리학상을 수상했다. 137억 년이라는 우주의 나이도 최근 정밀하게 관측된 우주배경복사로부터 얻어진 값과 일치한다.

우주의 나이가 30만 년일 때부터 지금까지 우주는 몇 배 정도 커

졌을까?

- **당시 가시광선의 파장** 약 700nm
- **현재 마이크로파의 파장** 약 1mm
- $1mm/700nm = (1 \times 10^{-3}m)/(7 \times 10^{-7}m) \fallingdotseq 10^{3}$

우주는 약 천 배 커진 셈이다.

절대온도 0도는 열역학적으로 절대 도달할 수 없는 온도다. 우주가 팽창을 계속할수록 우주의 온도는 현재의 3K에서 계속 떨어지지만 0K에는 도달하지 못한다. 즉 우주의 온도는 0에 수렴한다.

2막 1장 별의 일생

우주적 암흑기

한밤이 지나야 새벽이 오고, 추운 겨울이 지나야 진달래가 피는 것은 자연의 섭리이다. 인류 역사에도 암흑기가 있었다. 529년에 로마 황제 유스티니안이 세속의 학문이라는 이유로 9세기나 지속되어온 플라톤의 아카데미를 폐쇄하면서 중세 암흑기(Dark Ages)가 시작되고, 이후 여러 세기 동안 아리스토텔레스와 아르키메데스를 이을 이렇다할 과학자의 이름을 찾아볼 수 없게 된다. 게다가 14세기에는 당시 유럽 인구의 거의 3분의 1을 죽어나가게 만든 흑사병이 유럽을 덮친다. 거의 천년에 걸친 암흑기가 지나고 르네상스를 대표하는 레오나르도 다빈치나 지동설을 도입한 코페르니쿠스(Copernicus)가 태어난 것은 15세기 후반이었다. 신대륙을 발견한 콜럼버스가 활동한 것도 같은 시기이다.

137억 년 우주 역사에서는 이보다 훨씬 전에 암흑기가 있었다.

우주 무대에 별과 은하가 출현하기 이전, 우주의 나이가 1억 년에 불과했던 우주의 유아기는 우주 전체가 암흑에 덮인 시기였던 것이다.

우주의 역사에서 첫 번째 뭉치기인 쿼크 뭉치기(양성자와 중성자로), 두 번째 뭉치기인 양성자 뭉치기(중성자를 매개로 하여 헬륨으로), 그리고 세 번째 뭉치기인 전자 뭉치기(중성원자로)를 마친 후 엄청난 빛을 내놓은 우주는 팽창을 계속한다. 팽창은 뭉치기와는 반대로 흩어놓는 방향이다. 그래서 우주에서 더 이상 뭉치기는 일어날 가망이 없어 보인다. 겨우 수소와 헬륨은 만들었지만 그 두 가지 원소로는 생명은 기대하기 어렵다.

빅뱅 후 30만 년경에 우주를 장밋빛으로 물들였던 빛은 우주의 팽창에 따라 파장이 점차 길어지면서 급기야는 가시광선을 벗어나 적외선으로 바뀌어간다. 아직은 우주에 별과 은하가 생기기 전이다. 따라서 우주를 채운 빛이 가시광선을 벗어나면 우주는 암흑기에 들어간다.

⊙ 네 번째 뭉치기: 분자 탄생

별 볼일 없이 팽창을 계속하는 듯한 암흑기 우주에서 후일의 생명을 예고하는 중요한 일이 일어난다. 사람 몸의 10^{28}개 원자들은 대부분 서로 화학결합을 이루어 분자의 일부로 존재한다. 체중의 약 70%를 차지하는 물도 수소 원자 두 개와 산소 원자 한 개가 결합한 분자이다. 19세기 초에 돌턴이 원자설을 부활시킨 다음에도 원자들의 결합

원리를 파악하는 데는 100년 이상이 걸렸다. 그런데 실상 화학 결합의 원리는 암흑기의 초기 우주에서 이미 드러나고 있다.

전자와 결합해서 중성원자가 된 수소 원자와 헬륨 원자들이 우주 공간에서 충돌할 때 흥미로운 일이 일어난다. 헬륨은 다른 헬륨 원자와 충돌하건 수소 원자와 충돌하건 끄떡도 하지 않고 헬륨 원자로 남아 있다. 수소 원자가 헬륨 원자와 충돌할 때도 아무 일이 일어나지 않는다. 그런데 수소 원자끼리 충돌하면 둘이 달라붙어 두 배로 커지고 무거워진 새로운 입자가 생긴다. 19세기 초반에 이탈리아의 화학자 아보가드로(Avogadro)가 이 원자의 집단을 분자로 인식한다.

마치 헬륨은 두 손을 주머니에 넣고 아무와도 손잡기를 거부하는 거만한 사람 같다. 반면 수소는 한 손을 꺼내서 쉽게 다른 수소와 손을 잡는 사교적인 사람 같다. 왜 수소와 헬륨은 이런 차이를 보이는 것일까? 수소 원자 두 개와 헬륨 원자 한 개를 비교해 보면 전체적으

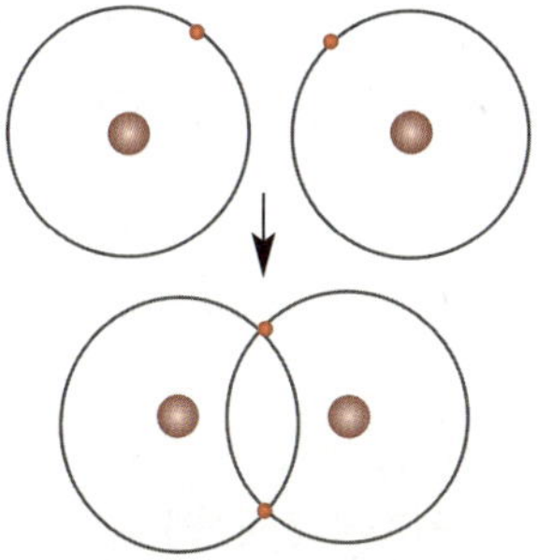

수소 원자 두 개가 전자를 공유하면서 수소 분자를 만든다.

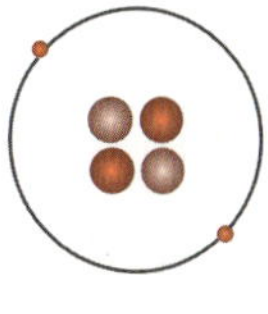

두 개의 전자를 가지고 있는 헬륨은 안정하다.

로는 양성자 두 개, 전자 두 개가 있다는 면에서 같다. 헬륨에서는 두 개의 양성자가 핵 속에 같이 들어 있으려니까 두 개의 중성자가 필요하다.

그런데 수소 원자 두 개가 결합해서 만든 안정한 수소 분자에는 양성자 두 개와 전자 두 개가 들어 있다. 중성자는 없다. 그러니까 헬륨이 결합을 하지 않는 이유는 중성자에 있는 것 같지는 않다. 핵심은 전자에 있다. 반응성이 없는 헬륨 경우에 핵 주위에 두 개의 전자가 있다. 수소 원자에는 전자가 한 개뿐이다. 수소 원자 두 개가 만나 하나씩의 전자를 내놓고 나누어 가지기로 합의를 하면 각각의 수소 원자핵은 두 개의 전자를 가진 것같이 느끼게 된다. 그래서 헬륨이 안정하듯이 상당히 안정화된 수소 분자를 이루게 된다. 이것이 공유결합의 원리이다. 우주의 암흑기에 별 볼일 없이 팽창하는 듯한 우주에서는 후일 생명을 만드는 데 필수적인 화학 결합의 원리가 작동하고 있다. 아직은 탄소, 산소 같은 무거운 원소가 없어서 공유결합을 보여줄 것은 수소밖에 없다. 수소 분자는 공유결합을 통한 원자 뭉치기의 시범 케이스인 것이다. 양성자 두 개가 융합해서 헬륨을 만드는 경우와 어떤 차이가 있나?

• **화학 반응 (낮은 온도에서)**

1(수소 원자의 전자 수) + 1(수소 원자의 전자 수)
= 2(수소 분자의 전자 수)　　$H + H \rightarrow H_2$

- **핵반응 (높은 온도에서)**

1(수소의 양성자 수) + 1(수소의 양성자 수)
= 2(헬륨의 양성자 수)　　$H + H \rightarrow He$

⊙ 다섯 번째 뭉치기: 스타 탄생

빨리 수소와 헬륨을 융합해서 생명에 필수적인 무거운 원소들을 만들어야 한다는 면에서 우주의 암흑기는 절망의 시기이다. 팽창하는 우주에서는 온도가 폭락하고 수소와 헬륨 입자들 사이의 거리도 자꾸 멀어져간다. 서로 만나야 융합이 되건 말건 할 텐데 이러다가는 우주는 생명은 고사하고 영원한 암흑에서 벗어날 것 같지 않다.

이때 도움의 손길이 나타난다. 균일하게 팽창하고 있는 우주에서 어떤 이유에서인지 나중에 별과 은하가 될 씨앗이 잉태되는 것이다. 그리고 이 주변보다 밀도가 약간 높은 씨앗을 기반으로 형성된 우주 최초의 별이 빛과 열을 내기 시작하면서 우주는 암흑과 절망에서 벗어난다. 그리고 머지않아 별의 내부에서 생명에 필요한 원소들을 만들고, 137억 년 후 지구상에 봄이 오면 이 원소들의 화학 결합을 통해 산에 들에 진달래를 피울 꿈을 키워간다.

우주 역사에서 처음 별이 탄생한 것은 언제쯤일까? 최근에 1억 년 나이 유아기 우주의 모습이 관찰되었다. 137억 년 우주의 나이를 1년으로 환산한다면 1월 3일 새벽에 해당되는 이때 이미 주변과 미세한 밀도 차이를 보이는 영역들이 드러나고 있다. 자연의 네 가지

힘(강한 핵력, 전자기력, 약한 핵력, 중력) 중에서 가장 미약한 중력은 이 밀도가 높은 영역에서 수천만 년에 걸쳐 우주 공간의 수소와 헬륨을 끌어 모아 별과 은하를 만들어냈다. 부익부 빈익빈의 선례를 남긴 셈이다.

별의 재료가 될 수소와 헬륨은 앞 단계에서 전자와 뭉쳐 중성원자가 된 상태다. 그런데 수소가 융합해서 헬륨이 되면서 에너지를 낼 때 융합하는 수소는 전자가 떨어져 나간 양성자다. 그래서 별이 되기 위해서는 먼저 전자를 떼어버려야 한다. 우주의 나이가 30만 년 정도일 때 전자와 결합했던 과정을 거꾸로 밟아야 하는 것이다. 다행이 중력으로 수소와 헬륨이 모여들어 이들 사이의 거리가 가까워질수록 끌리는 힘도 커진다. 밀도가 충분히 높아지면 온도도 높아져서 전자가 수소와 헬륨 원자에서 떨어져 나간다. 수소와 헬륨의 이온화가 일어나 별의 재료가 될 양성자와 헬륨 원자핵이 재등장하는 것이다.

처음으로 별이 태어났을 때 우주의 온도는 어느 정도였을까? 처음으로 별과 은하가 생겼을 때 우주의 나이가 1 내지 2억년 정도였다고 하면 그때에 비해 우주의 나이는 100배 정도 늘어난 셈이다. 앞에서 살펴본 식에 따라 온도는 100의 제곱근, 즉 10배 정도 감소했을 것이다. 그런데 현재 우주의 온도가 3K라면 처음으로 별이 생겼을 때 우주의 온도는 30K 정도였을 것이다. 섭씨로 영하 240도 정도이다.

냉혹한 우주 공간에서 수소와 헬륨이 모여들고 압축되어 중심 온도가 1500만 도 정도로 올라가면 드디어 수소의 융합이 시작되면서 엄청난 양의 빛과 열이 발생하기 시작한다. 1억 년 이상의 암흑기를 거친 후이니 만큼 스타 탄생의 그 감격은 어디 비길 수 없을 것이다. 돌이켜 생각하면 자연의 드라마는 빅뱅 우주에서 단숨에 후일 지구와 생명을 만들어갈 모든 원소들을 만드는 대신 1억 년의 암흑기를 두고 뜸을 들이는 긴박감이 있는 플롯을 택한 듯하다. 괴테는 "눈물을 흘리면서 빵을 먹어보지 못한 사람은 인생의 참맛을 알 수 없다"고 했다. 1억 년의 암흑기를 거치지 않고는 우주 역사에서 별의 탄생의 의미를 실감할 수 없을 것이다.

1905년에 아인슈타인은 별이 에너지를 내는 원리를 설명해냈다. $E = mc^2$에 따라 수소 질량의 일부가 에너지로 바뀌는 것이다. 생명의 원천인 태양은 지금도 막대한 질량을 에너지로 바꾸면서 빛과 열을 지구로 보내주고 있다. 태양의 핵융합 연료가 빅뱅 우주에서 만들어진 수소인 것을 생각하면 우리는 빅뱅의 에너지를 누리며 살아가는 셈이다.

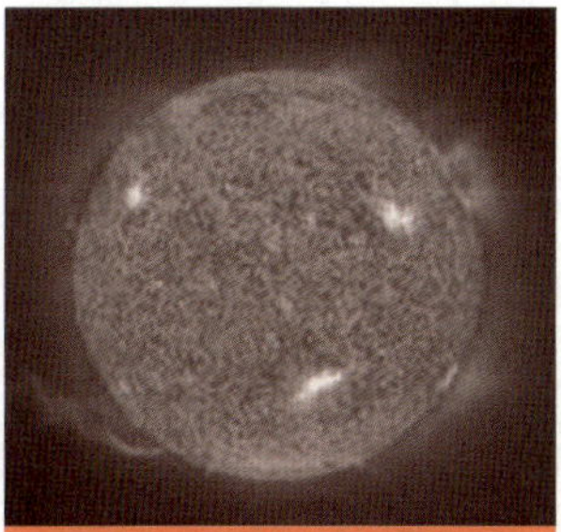
수소의 융합으로 빛과 열을 내는 태양

$E = mc^2$ 에서 양변을 살펴보면 전혀 다른 양인 것처럼 보인다.

좌변은 우주에서 보존되는 거의

유일한 양인 에너지이다. 우변은 질량에 광속의 제곱을 곱한, 아인슈타인이 1905년에 이 식을 발표하기 전에는 아무도 본 적이 없는 특이한 양이다. 그런데 위의 등식은 이 두 양이 전혀 동일하다고 말한다. 에너지는 이 등호의 터널을 통과하면 반대쪽에서 질량을 가진 물질로 나타난다. 같은 터널을 반대 방향으로 통과한 물질은 순수한 에너지로 바뀐다.

그런데 최초의 별이 생길 때 이미 수소 질량의 3분의 1에 해당하는 양의 헬륨이 있었다. 빅뱅 우주에서 처음 3분간 만들어진 헬륨이다. 그렇다면 이미 있는 헬륨을 빨리 융합해서 생명에 필요한 탄소, 산소 등 무거운 원소를 만들었으면 좋겠다. 그러나 +2의 양전하를 가진 헬륨이 융합하기 위해서 넘어야 할 쿨롱 에너지 장벽은 +1 사이의 장벽보다 4배나 높다.

- **양성자-양성자 사이의 에너지 장벽** $1 \times 1 = 1$
- **헬륨-헬륨 사이의 에너지 장벽** $2 \times 2 = 4$

높은 에너지 장벽을 넘으려면 높은 운동에너지를 가지고 충돌해야 하고, 높은 운동에너지는 높은 온도를 의미한다. 그런데 온도는 낮은 데서 높은 데로 올라가는 중이다. 그래서 헬륨보다는 수소의 융합에 필요한 온도에 먼저 도달한다. 따라서 대부분의 별에 해당하

는 주계열성에서는 수소의, 더 정확하게는 수소의 핵인 양성자의 융합이 일어나고 있다. 태양도 마찬가지이다.

처음 3분간의 양성자 뭉치기에 이은 두 번째 양성자 뭉치기로 우주의 암흑기는 물러가고 팽창하는 우주 공간에 별과 은하가 자리잡는다.

⊙ 여섯 번째 뭉치기: 탄소 탄생

태양은 약 100억 년을 융합할 수 있는 양의 수소를 가지고 태어났다. 지금 태양의 나이가 46억 년이니까 약 절반의 수소를 사용한 셈이다. 그 사이에 태양 중심에는 수소 융합의 산물인 헬륨이 상당히 축적되었다. 태양이 노년기에 접어들어서 중심의 수소가 모두 소모되면 융합이 중단된다. 자동차 연료 탱크에 연료가 바닥나면 차가 멈춰서는 것과 마찬가지이다. 그러면 융합 에너지에 의한 외부로 향한 압력이 떨어지면서 중력에 의해 중심의 밀도와 압력이 올라간다.

중심 온도가 약 1억 도에 도달하면 드디어 헬륨의 융합이 시작되어 에너지가 나온다. 그리고 헬륨 바깥쪽에 있던 수소가 융합하면서 별은 커지고 표면 온도는 낮아진다. 태양이 노랗게 보이는데 비해 태양보다 표면온도가 낮은 이 단계의 별은 붉게 보인다. 주계열성이 적색거성(red giant)이 된 것이다. 오리온자리 삼태성 위쪽에 붉게 보이는 별 베텔기우스는 쉽게 볼 수 있는 적색거성이다.

적색거성 중심에서는 엄청나게 높은 온도와 압력하에서 헬륨 원

자핵, 즉 알파입자 세 개가 동시에 충돌하면서 원자번호 6인 탄소를 만든다. 드디어 생명의 핵심원소인 탄소가 생긴 것이다.

- 3 × 알파입자(양성자 2) = 탄소(양성자 6)
- 3 × 2(헬륨의 원자번호) = 6(탄소의 원자번호)

대부분의 무거운 원소들은 알파입자들이 융합되어 만들어지기 때문에 원자번호가 짝수인 원소가 상대적으로 풍부하다. 예: 탄소 6, 산소 8, 네온 10, 마그네슘 12, 실리콘 14, 황 16, 아르곤 18

헬륨의 양성자 수인 2가 이들 원자번호의 공약수인 셈이다.

19세기 초에 영국의 프라우트(Prout)는 모든 원소는 수소가 여러 개 모여 만들어진 것이 아닌가 하는 가설을 제안했다. 당시 알려진 기체들의 밀도가 가장 가벼운 수소의 밀도의 정수배로 보였기 때문이다. 나중에 알고 보니 정말 수소의 핵에 들어 있는 양성자가 모여 여러 가지 다른 원소들이 만들어지는 것이다. 그리고 보면 양성자는 모든 원소의 공약수이다.

이처럼 수축-온도 상승-융합-핵연료 소모의 과정이 반복되면서 무거운 원소들이 단계적으로 만들어진다. 아레시보 메시지에서 수소 다음에 나오는 탄소, 질소, 산소, 인은 모두 적색거성에서 만들어졌다. 생명의 핵심원소 다섯 가지 중 네 가지를 만들어낸 적색거성은 생명의 어머니라고 해도 과언이 아니다.

오리온 자리의 적색거성 베텔기우스

주계열성이 적색거성으로 변하는 과정에서 위와 유사한 이유로 밝기가 주기적으로 변하는 별들이 있다. 세페이드 변광성이라고 하는 이러한 별은 주기가 길수록 많은 빛을 낸다. 그래서 주기를 측정하면 절대광도를 알 수 있고, 지구에서의 겉보기 밝기를 측정하면 그 별까지의 거리를 알 수 있다. 아주 멀리 있는 별과 은하의 거리를 재는 데 아주 중요한 이 방법을 발견한 사람은 앞서 언급한 헨리에타 리비트라는 무명의 여성이었다. 허블의 법칙이 알려진 것도 세페이드 변광성으로부터 은하까지의 거리를 측정할 수 있었기 때문이다.

자연에는 지구의 자전 주기 24시간, 공전 주기 365일 등에서 볼

수 있듯이 주기적으로 일어나는 일이 많다. 세페이드 변광성은 밝기가 주기적으로 변한다.

초신성폭발

모든 강물은 바다로 흘러가듯 적색거성에서 일어나는 무거운 원소의 합성은 철에서 끝난다. 철은 원자핵 중에서 가장 안정하기 때문이다. 더 이상 갈 데가 없는 적색거성의 마지막 단계에서는 중력에 의한 거대한 중심으로의 붕괴가 일어나고 이때 온도와 압력이 마지막으로 치솟으면서 별은 대폭발을 일으킨다. 초신성폭발이다.

적색거성이 초신성으로 나갈지 아니면 백색왜성이 되어 별 볼일 없는 최후를 맞을지는 적색거성의 질량에 달렸다. 적색거성 중심 탄소 핵의 질량이 태양 질량의 1.4배(1.4 solar mass)가 되면 다음 단계의 핵융합이 진행되고 초신성폭발로 이어진다. 1.4는 자연에서 중요한 소수의 하나이다.

- **첫 번째 폭발** 빅뱅
- **두 번째 폭발** 별의 탄생
- **세 번째 폭발** 초신성 폭발

초신성폭발의 순간에는 높은 에너지의 감마선이 나오면서 이미

만들어진 원소들을 쪼갠다. 이때 튀어나오는 중성자가 철에 흡수된 다음에 베타붕괴를 일으키면 원자번호가 1 증가한다. 이런 식으로 철보다 무거운 원소들이 폭발하는 초신성에서 만들어진다. 주기율표에서 철 이상 우라늄까지의 원소들은 다 초신성에서 만들어진 것이다.

• **베타 붕괴**	중성자 →	양성자 +	전자 +	반뉴트리노	
• **전하**	0	+1	−1	0	(0 = +1 − 1 + 0)
• **질량수**	1	1	0	0	(1 = 1 + 0 + 0)
• **렙톤 수**	0	0	+1	−1	(0 = 0 + 1 − 1)

렙톤은 양성자와 중성자에 들어 있는 쿼크와 달리 가벼운 소립자이다. 전자는 물질 입자이고, 반뉴트리노는 반물질 입자이다. 그래서 위 식에서 전하나 질량수와 마찬가지로 렙톤 수는 보존된다.

1869년에 러시아의 화학자 멘델레예프(Mendeleev)는 당시 알려진 60가지 정도의 원소들을 원자량에 따라 배열하면 규칙성이 나타나는 것을 발견했다.

데카르트의 좌표계에서는 어느 점의 위치는 원점으로부터 x-축상에서의 거리와 y-축상에서의 거리로 나타낸다. 주기율표에서 어

느 원소의 위치는 주기와 족으로 나타낼 수 있다.

이제 지구를 포함해서 태양계를 만들 준비가 되었다. 초신성폭발은 적색거성과 초신성 자체에서 만들어진 무거운 원소들을 우주 공간에 흩어놓는다. 초신성폭발은 별의 죽음이다. 별은 후일 생명을 탄생시키기 위해 죽음을 받아들이는 모양이다.

초신성폭발의 잔해는 질량에 따라 중성자 별로 남기도 하고, 블랙홀이 되기도 한다.

2막 2장 태양계

⊙ 일곱 번째 뭉치기: 태양계의 탄생

우주에 처음 생긴 별의 재료는 빅뱅 우주에서 만들어진 수소와 헬륨이다. 그런데 태양계에는 수소와 헬륨 이외에도 탄소, 산소, 철, 우라늄 등 무거운 원소들이 들어 있는 것을 보면 태양은 적어도 1세대 별이 아닌 것이 틀림없다. 질량이 큰 별은 수명이 짧다. 따라서 처음으로 별이 생기고 태양계가 생기기까지 약 90억 년 사이에는 전 세대의 별이 폭발하고 그 잔해가 모여 다음 세대의 주계열성을 만들고 하는 〔주계열성 → 적색거성 → 초신성〕 → 〔주계열성 → 적색거성 → 초신성〕의 과정이 몇 차례 반복되었을 수도 있다.

태양계의 재료는 주로 수소와 헬륨 기체지만 약간의 먼지 구름(dust cloud)이라고 불리는 고체도 있다. 산화실리콘, 산화알루미늄 등의 작은 입자 표면에는 물이 얼어붙기도 한다. 기체와 티끌(먼지)로 이루어진 구름이 서서히 뭉치면서 미행성 크기를 거쳐 중심에는

질량이 집중되어 태양이 되고, 주위에는 여러 개의 행성이 생겨난다. 태양계는 먼지 구름의 뭉치기를 통해서 형성된 것이다. 태양계 전체 질량의 99.9%가 태양에 집중되어 있다.

아레시보 메시지 뒤쪽에는 태양과 행성들의 순서가 표시되어 있다. 메시지를 보내고 있는 세 번째 행성 지구를 포함해서 태양에 가까운 네 개의 내행성은 태양이나 목성, 토성보다 작다. 중심의 태양이 아직 수소를 융합할 온도에 도달하기 전에는 태양이 아니었다. 중력 작용으로 밀도와 압력이 높아지면서 중심 온도가 1500만 도에 도달하면 빛과 열을 내기 시작한다. 뿐만 아니라 엄청난 양의 입자들이 태양풍을 일으킨다. 결과적으로 태양에 가까운 수성, 금성, 지구, 화성은 끓는점이 낮은 기체들을 잃어버리고 중심에 고체로 있던 부분이 남아서 지구형 행성의 모습을 나타낸다. 목성, 토성 등 외행성은 수소, 헬륨, 메탄 등의 기체 덩어리이다.

수성, 금성, 지구, 달, 화성, 목성, 토성, 천왕성, 해왕성

태양계가 생기는 과정에서도, 태양계 내에서 행성들이 운동할 때에도 복잡한 힘이 작용한다. 그러나 알고 보면 모든 물체 사이의 힘은 간단한 뉴턴 역학을 따른다. 따라서 복잡한 천체의 운동도 간단한 뉴턴의 법

칙으로 설명할 수 있다. 그러나 태양 주위를 공전하는 지구 주위를 공전하는 달의 궤도를 생각해 보면 알 수 있듯이 천체의 수가 많으면 천체들의 운동은 실제로는 상당히 복잡해진다. 또 어느 천체가 멀리 있더라도 질량이 크면 상당한 힘을 미친다.

뉴턴 역학에 따르면 지구가 태양계의 중심일 수는 없는 일이다. 태양과 지구 사이에 작용하는 만유인력에 의해 태양은 지구를 끌어당기고 지구도 태양을 끌어당긴다. 그 힘의 크기는 똑같다. 그런데 뉴턴의 제2법칙에 따르면 힘 = 질량 × 가속도로 나타내어진다. 태양과 지구가 서로 끄는 힘이 같다면 질량이 큰 태양은 작은 가속도를 얻게 되고, 질량이 작은 지구는 큰 가속도를 얻는다. 결과적으로 태양계 내에서 태양은 거의 움직이지 않는 것같이 보이고, 지구는 가속 운동을 한다.

뉴턴의 힘의 법칙

▶ **제1법칙(관성의 법칙)** 외부에서 힘을 가하지 않으면 물체의 속도는 변하지 않는다.(정지 포함)

▶ **제2법칙(가속도의 법칙)** 속도의 시간에 대한 변화율은 외부에서 가한 힘의 크기에 비례하고 질량에 반비례한다. 힘 = 질량×가속도 ($f = ma$)

▶ **제3법칙(작용반작용의 법칙)** 한 물체가 다른 물체에 힘을 가하면, 다른 물체도 크기가 같고 방향이 반대인 힘을 그 물체에 가한다.

그런데 태양계가 형성될 때부터 모든 먼지 구름과 소행성은 회전하는 원판처럼 한 방향으로 회전하는 각운동량을 가진다. 지구도 회전판 중심의 태양과 수직 방향으로 속도를 가지고 있다. 속도는 벡터양이다. 거기에 태양 방향으로 또 하나의 벡터양인 중력가속도가 가해지면 두 벡터가 합해져서 자전하는 지구가 태양 주위를 도는 결과가 얻어진다. 지구는 태양 쪽으로 계속 떨어지면서 태양 주위를 공전하는 것이다.

질량이 큰 태양이 중심에 위치하고 가벼운 행성들이 태양 중심을 회전한다는 지동설이 자리를 잡은 것은 400년이 채 안된다. 갈릴레오의 파문이 해제된 것은 1992년 일이다.

원은 한 점으로부터 거리가 같은 점들의 집합이다.

아리스토텔레스는 천상의 세계는 완전한 세계이며, 따라서 태양을 포함해서 모든 천체는 지구를 중심으로 원운동을 한다고 생각했다. 코페르니쿠스 혁명을 통해 지구를 태양계의 중심에서 몰아낸 것은 우주에서 우리의 위치를 파악하는 데 중요한 한걸음이다.

케플러(Kepler)는 지구가 태양의 주위를 회전할 뿐 아니라 원운동이 아니고 타원운동을 하는 것을 밝혀냈다. 태양은 타원의 한 초점에 위치한다. 또 지구가 공전할 때 같은 시간 내에 태양과 지구를

연결하는 선이 지나가는 면적은 항상 같다. 지구가 태양에서 멀리 떨어져 있을 때는 공전 속도가 작지만 대신 거리가 크다. 지구가 태양에 가까울 때는 큰 힘을 받기 때문에 공전 속도가 크다.

케플러의 법칙

▶ **제1법칙** 모든 행성의 궤도는 태양을 초점으로 하는 타원이다.

▶ **제2법칙** 태양과 행성을 연결하는 선이 일정한 시간 동안 지나가는 면적은 항상 같다.

▶ **제3법칙** 행성의 공전 주기의 제곱은 태양으로부터 평균 거리의 세제곱에 비례한다.

타원궤도에서 일정한 시간 동안 지구가 쓸고 지나간 면적을 정확히 계산하는 것은 쉽지 않다. 어떤 시간 동안 지구의 궤적은 직선이 아니고 곡선이기 때문이다. 그러나 시간 간격을 아주 작게 잡으면 지구의 궤적을 직선으로 볼 수 있고, 삼각형의 면적으로 실제 면적을 근사할 수 있다. 무한히 많은 작은 삼각형의 면적의 합으로 실제 면적을 구하는 것과 같은 방법을 적분(積分)이라고 한다.

태양계의 크기를 생각해 보자. 먼 거리를 이야기 할 때는 광속을 단위로 사용하는 것이 편리하다. 빛의 속도는 1초에 지구를 일곱 바퀴 반을 돌 수 있는 초속 30만 킬로미터이다. 이 속도로 지구에서 달

까지 가는 데는 1초 정도 걸린다. 밤하늘의 달은 1초 전의 달이다. 태양의 지름은 약 5초 거리이고, 지구에서 태양까지는 약 8분 거리이다. 그러니까 이 순간에 태양이 사라진다면 우리 눈에는 8분 후에야 하늘이 깜깜해질 것이다. 태양계의 끝까지는 광속으로 5시간 정도의 거리이고, 태양에서 가장 가까운 별 알파 센타우리 프록시마는 약 4.3년 거리에 있다.

먼지 구름과 기체가 뭉쳐 태양과 행성들과 행성들 사이의 수많은 소행성들을 만들었다. 우리에게서 제일 가까운 별이 4.3광년 거리에 있으니까 외계에서 보면 태양계는 전체적으로 단단히 뭉쳐져 있는 알맹이인 셈이다.

2막 3장 푸른 행성 지구

1977년 9월 5일 발사된 태양계 탐사선 보이저 1호는 1980년 11월 12일에 토성에 근접한 후 대부분 행성들의 궤도를 포함하는 황도면을 벗어났다. 다시 거의 10년이 지난 1990년 2월 초 전파로 지구로부터의 지령을 받은 보이저는 해왕성 궤도 바깥에서 태양과 지구 방향으로 카메라들 돌리고 엄청난 분량의 디지털 사진을 촬영했다. 5시간 반을 걸려 지구로 전송된 디지털 신호를 처리해서 얻은 태양계 외곽에서 본 지구의 모습을 칼 세이건은 창백한 푸른 점(pale blue dot)이라고 불렀다.

가까이서 본 지구는 암흑의 우주 공간에 보석같이 떠 있는 푸른 행성이다. 인류 역사상 처음 인공위성을 타고 지구 궤도에 올라가서 지구를 바라 본 우주인인 소련의 가가린은 경탄을 금하지 못했다고 한다. 그 후로 여러 우주인들이 달에 다녀오면서 푸른 보석 같은 지구를 바라보았다. 허블 우주망원경을 수리하러 갔을 때는 11일 동안

푸른 행성 지구

지구 궤도를 선회하며 5차례에 걸쳐 우주 유영을 하면서 지구를 감상했다.

지구가 푸른 것은 표면의 3분의 2를 차지하는 물 때문이다. 지구는 표면에 액체 상태의 물이 존재하는 유일한 행성이다. 우주 전체적으로 볼 때는 수소가 모든 원소의 질량의 4분의 3 정도를 차지한다. 그런데 지구에는 유독 산소가 많다. 5대양의 바닷물만 생각해도 그 중 수소의 질량은 9분의 1밖에 안 되고 나머지 질량은 산소에서 온다.

수소의 원자량은 1
산소의 원자량은 16
물은 H_2O. 따라서 물의 분자량은 $1 \times 2 + 16 = 18$
수소의 질량 분율 $= 2/18 = 1/9$
산소의 질량 분율 $= 16/18 = 8/9$

체중의 3분의 2 정도가 물이고 산소가 물의 질량의 9분의 8을 차

지하니까 물에서 오는 산소만 해도 체중의 반이 넘는다. 그밖에 단백질, 지방질 등에도 산소가 들어 있으니까 산소는 체중의 반을 훨씬 넘게 차지한다. 그런데 원자의 개수로 보면 몸에 들어 있는 원자 수의 절반 이상이 수소이다. 몸의 3분의 2 정도를 차지하는 물(H_2O; 수소 원자 둘과 산소 원자 하나가 결합)에 들어 있는 원자 개수 중 3분의 2가 수소이고, 단백질, 지방질 등에도 수소가 많이 들어 있다. 수소 원자는 가볍기 때문에 질량으로는 산소에 못 미치지만 개수로는 산소보다 많은 것이다.

수소는 가벼운 기체이다. 태양에서 멀리 떨어진 목성, 토성 등 바깥쪽 행성의 주성분은 수소이다. 그렇지만 수성, 금성, 지구, 화성에는 기체 상태의 수소는 거의 없다. 태양계가 처음 생길 때는 다같이 수소와 헬륨을 주성분으로 만들어졌지만 태양이 핵융합을 시작하면서 태양에서 가까운 행성에서는 수소와 헬륨이 다 날아가버렸다.

그런데 생명 활동을 위해서는 수소가 꼭 필요하다. 지구상에 수소를 붙잡고 있는 것이 바로 물이다. 물은 물 자체로도 중요하지만 수소의 공급원으로도 중요하다. 식물이 광합성을 할 때 햇빛의 에너지와 공기 중의 이산화탄소와 물을 필요로 한다. 식물은 물에서 수소를 취하는 것이다. 우주의 나이가 거의 100억 년이나 되었을 때 생긴 지구에 빅뱅 우주에서 만들어진 수소가 풍부하다는 것은 참으로 신기하고 감사한 일이다.

지구 대기의 주성분은 수소보다 무거운 질소(78%)와 산소(21%)이다.

지구 대기의 부피와 관련하여 '시저의 마지막 숨'이라는 이야기가 있다. 이집트의 클레오파트라와 연합했던 줄리어스 시저는 믿던 브루투스에게 살해되는 순간 "브루투스, 너까지도"라는 한마디와 함께 마지막 숨을 내쉬며 숨을 거두었다고 한다. 그 한 숨에 들어 있던 공기 분자들이 지구의 대기 전체에 골고루 퍼져나가서 2천 년 후 지금까지 그대로 있다고 하자. 지금 우리가 들이마시는 한 숨에는 시저의 마지막 숨에 들어 있던 공기 분자가 대략 몇 개나 들어 있을까 하는 문제이다. 한 숨의 부피는 약 0.5리터이다.

먼저 대기의 부피를 한 숨의 부피로 나눈다. 그 다음에는 한 숨에 들어 있는 분자 수를 그 값으로 나눈다. 그만큼 희석되었기 때문이다.

우리가 숨쉬는 기체는 1기압 상태로 볼 수 있다. 그런데 대기는 1기압에서 위로 올라갈수록 점점 낮아진다. 고도 8천 킬로미터 정도의 에베레스트 산에 올라가면 기압이 절반 정도로 떨어진다. 기압이 지표면에서는 1기압이고 높이에 따라 1차적으로 떨어져서 16킬로미터에서는 0이 된다고 하자. 이 경우 대기 전체에 있는 공기의 양은 두께가 8킬로미터이고 압력이 1기압인 대기층에 들어 있는 공기의 양

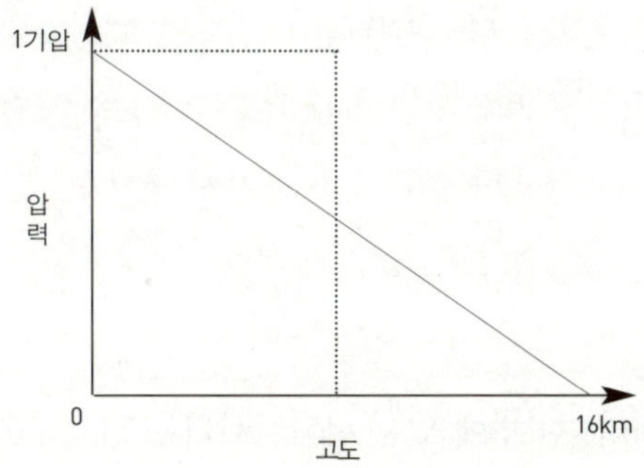

삼각형의 면적은 직사각형의 면적과 같다.

과 같다.

지구의 반지름 6400킬로미터에 비해 대기층의 두께 8킬로미터는 아주 작다. 따라서 대기의 부피는 지구의 표면적에 대기층의 두께를 곱해서 얻을 수 있다. 약산을 하면

- 지구의 표면적 $= 4\pi r^2$
  $= (4)(3)(6.4 \times 10^6\text{미터})^2 = 6 \times 10^{14}\text{미터}^2$
- 대기의 부피 $=$ (지구의 표면적)$(8 \times 10^3\text{미터})$
  $= 5 \times 10^{18}\text{미터}^3$
- 대기의 부피/한 숨의 부피 $= (5 \times 10^{18}\text{미터}^3)/(5 \times 10^{-4}\text{미터}^3)$
  $= 10^{22}$

1기압에서 기체 22.4리터에는 아보가드로수(6×10^{23})의 기체 분자가 들어 있다.

- 시저의 마지막 숨에 들어 있는 기체 분자수

$$= (6 \times 10^{23})(0.5/22.4) = 1.4 \times 10^{22}$$

- 희석된 다음 한 숨에 들어 있는 기체 분자수

$$= (1.4 \times 10^{22})/(10^{22}) \fallingdotseq 1.4$$

답은 약 1이다. 한 방에 있는 사람들끼리는 엄청난 수의 기체 분자들을 수시로 교환하고 있을 것이다.

시저의 마지막 숨에 들어 있는 기체는 대부분 질소(N_2)와 산소(O_2)이다. 지구 대기에 질소와 산소가 풍부한 것은 환원성이었던 태초 지구의 대기가 산화성으로 바뀌었기 때문이다. 수소는 환원성이고 산소는 산화성이다. 태초 지구의 대기와 현재의 대기를 비교하면 수소(H_2)는 물(H_2O)로, 메탄(CH_4)은 이산화탄소(CO_2)로, 암모니아(NH_3)는 질소(N_2)로, 물은 산소(O_2)로 바뀌었다. 수소를 잃거나 산소를 얻은 결과이다.

지구의 대기가 산화성으로 바뀌는 데는 바다에서 진화한 광합성 박테리아가 큰 역할을 했다. 광합성은 태양에너지를 사용해서 물을 환원시켜 수소를 얻는 과정이다. 수소는 이산화탄소를 탄수화물로 환원시킨다. 이때 부산물로 나온 산소는 바닷물에 녹아 있는 다량의 철을 산화시켜 적색의 산화철로 침전시켰다. 후일 인간은 철광석을 환원시켜 철을 얻어내고 철기시대를 열게 된다.

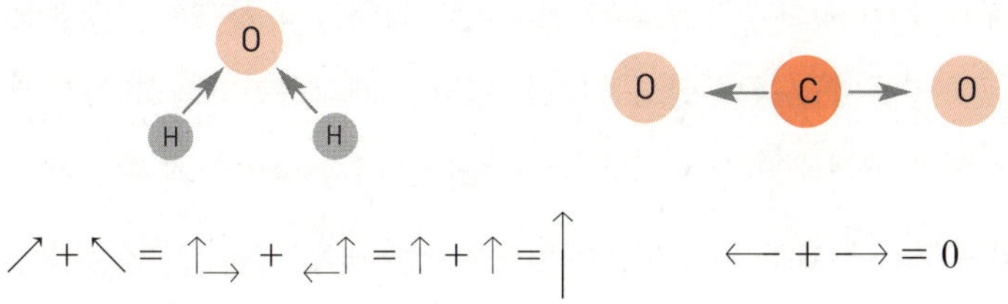

벡터 합은 물에서는 0이 아니고, 이산화탄소에서는 0이다.

광합성에서 중요한 물과 이산화탄소 분자의 성질은 벡터 합으로 설명할 수 있다. 물은 104.5도의 각도를 가진 휘어진 분자이다. 중심의 산소는 양끝의 수소보다 전기음성도가 높아서 공유결합에 사용된 전자를 자기 쪽으로 끌어당기고, 수소와 산소 사이에는 분극이 일어난다. 그래서 수소-산소 결합은 극성공유결합이다. 물에서 작용하는 수소-산소 사이의 극성은 벡터 합이 되어 물은 큰 극성을 가진다. 결과적으로 물 분자들은 전기적으로 끌려서 상온에서 액체로 존재한다.

직선 분자인 이산화탄소에서는 중심 탄소에서 양쪽의 산소로 끌리는 전자에 의한 결합의 극성은 벡터 합을 이루면 상쇄된다. 그래서 물보다 무겁지만 전체적으로 무극성 분자인 이산화탄소는 상온에서 기체이다. 분자 사이에 전기적 인력에 의한 상호작용이 작기 때문이다. 탄산음료에서 볼 수 있듯이 이산화탄소는 물에 약간 녹는다. 이산화탄소가 물에 전혀 녹지 않는다면 태초의 바다에서 광합성은 불가능했을 것이다.

우리 몸의 주성분이 수소의 산화물인 물이듯이 지각의 주성분도 실리콘, 알루미늄 등의 산화물이다. 지각을 생각하면 지구가 태양과의 적당한 거리에서 뭉친 것은 참 다행스러운 일이다. 지구가 생길 때 대부분의 기체가 날아가지 않았다면 땅을 딛고 직립 보행하는 인류의 출현은 불가능하다. 직립 보행을 하지 않는다면 망원경을 만들어 하늘을 향하지 못했을 것이다. 그렇다면 팽창하는 우주도, 배경복사도 발견하지 못했을 것이다.

지구가 적당한 크기로 뭉친 것도 참 다행스러운 일이다. 지구가 좀 작았다면 내부에서 발생하는 열이 쉽게 빠져 나가서 지구의 내부까지 식어버렸을 것이다. 그렇다면 암석이 녹은 맨틀의 대류도, 그에 따른 지각의 운동도 없을 테고 산과 바다도 없을 것이다. 바다를 만든 물의 많은 부분은 화산활동의 결과로 지구 내부에서 빠져나온 것이다. 지구 표면에 소행성 충돌이 거의 끝나 가면서 충돌에 의한 열 발생도 줄어든다. 지구가 식으면서 이산화탄소와 함께 대기를 채우고 있던 수증기가 응결하여 지구 최초의 대홍수를 일으키고 바다를 만든다. 생명이 태어날 무대가 준비된 것이다.

후일 생명이 태어나고 진화하는 데 기후가 중요한 요인으로 작용한다. 지구의 기후는 해류의 흐름과 밀접한 관련을 가진다. 그런데 해류는 지구 표면의 대륙들이 어떻게 붙어 있거나 떨어져 있는가에 크게 달려 있다.

지판구조론에 따르면 지각은 맨틀 위에 떠다니는 10개 정도의

판으로 이루어진다. 이 판들은 과거에는 판게아라고 불리는 커다란 하나의 판을 만들고 있었는데, 그 후로 갈라지고 충돌하며 지구 표면의 모습을 바꾸어놓았다.

대서양을 가운데 두고 6천 킬로미터 거리로 갈라져 있는 남아메리카 동해안과 아프리카 서해안은 매년 2센티미터씩 멀어져 가고 있다. 두 대륙이 붙어 있다가 갈라지기 시작한 것은 얼마나 전일까?

$$3\text{천 킬로미터}/(2\text{센티미터}/\text{년}) = (3 \times 10^{6}\text{미터})(2 \times 10^{-2}\text{미터}/\text{년})$$
$$= 1\text{억 } 5\text{천만 년}$$

지판구조론은 1912년에 베게너(Wegener)가 대륙이동설을 제안하면서 시작되었다. 그러나 당시에는 대륙을 이동하게 하는 힘의 근원을 설명할 수 없었기 때문에 베게너의 생각은 무시되었다. 지구 내부에 들어 있는 방사능 동위원소의 붕괴에 따른 에너지 방출로 맨틀의 대류를 설명할 수 있게 되고, 해령과 해구가 발견됨에 따라 1962년에 헤스(Hess)는 해저갱신설을 제안하게 된다. 그 후 지자기 역전이 발견되면서 지판구조론이 확립된다.

지구 중심에는 반지름이 1400킬로미터 정도인 내핵이 있다. 내핵의 주성분은 밀도가 7.9인 철과 8.9인 니켈이다. 그 다음으로는 두

께가 약 2000킬로미터인 외핵이 있다. 지구의 반지름이 6370킬로미터이니까 지구 중심에서 외핵의 바깥쪽까지의 거리(1400킬로미터+2000킬로미터)는 지구 반지름의 반을 약간 넘는 셈이다. 나머지는 대부분이 두께가 2900킬로미터인 맨틀이다. 맨틀의 주성분은 밀도가 2.7인 석회암과 3.8인 감람석이다. 지구 전체의 밀도는 5.4이다. 맨틀 위에 떠 있는 두께 30킬로미터 정도의 얇은 판이 맨틀의 대류에 따라 움직이고 있다.

어떤 사람이 100만 원을 가지고 있는데 하루에 그날 아침에 가지고 있던 돈의 절반을 쓴다고 하자. 첫날은 50만 원을 쓰고, 둘째날은 남은 50만 원의 반인 25만 원을, 다음날은 12만 5천 원을 쓰게 될 것이다. 이처럼 과거에 얼마가 있었나에 관계없이 어느 순간에 있는 양이 일정한 비율로 감소하는 현상을 1차 붕괴라고 한다.

$$dN/dt = -kN$$

이 식은 단위 시간(dt) 동안 N의 변화량(dN)은 그 시점에 존재하는 N의 양에 비례함을 나타낸다. k는 비례상수이다. 이 식을 적분하면 N을 시간의 함수로 나타낼 수 있다.

$$N = N_o e^{-kt}$$

N_0는 시간이 0일 때 N의 양이다. N이 반으로 줄어드는 데 걸리

는 시간을 반감기($t_{1/2}$)라고 한다. 위의 예에서 반감기는 하루이다. 반감기는 k와 다음과 같은 관계를 가진다.

$$t_{1/2} = 0.693/k$$

우리의 매일 매일은 남아 있는 일생의 첫날이듯이 1차 붕괴에서는 매순간 새로이 붕괴가 시작된다. 방사능 붕괴는 1차 붕괴의 대표적 예이다. 방사능 붕괴는 지구 내부에 열을 제공할 뿐 아니라 지구 자체의 나이를 알려주기도 한다. 붕괴의 결과로 생긴 원소와 남아 있는 방사능 동위원소의 상대적 양을 측정하면 몇 번의 반감기를 거쳤나, 즉 붕괴가 시작된 후 얼마의 시간이 경과했나를 알 수 있다. 지구의 나이 46억 년도 그렇게 측정되었다.

3막 1장 생명의 알파벳

⊙ 여덟 번째 뭉치기 : A, T, G, C

생명의 서열

슈뢰딩거 방정식으로 양자역학을 확립했을 뿐 아니라 『생명이란 무엇인가?』(What is Life?)라는 책으로 많은 영향을 끼친 슈뢰딩거(Schrödinger, 1933년 노벨물리학상)는 생명의 질서는 서열로부터 온다고 말했다(order from order). 알고 보니 그 서열이란 다름 아닌 DNA 내에서 A, T, G, C, 네 가지 염기로 불리는 간단한 화합물이 배열된 순서이다.

우리말로 쓰인 문학 작품의 콘텐츠는 한글의 자음 열네 개와 모음 열 개가 조합을 이루어 기록된다. 영어에서는 스물여섯 개의 자모가 한 방향으로 나열되지만 우리글에서는 한글을 ㅎ ㅏ ㄴ ㄱ ㅡ ㄹ 이라고 쓰는 대신 보기 좋게 묶어서 한글이라고 쓴다. 그래도 자

모의 순서는 왼쪽에서 오른쪽으로, 그리고 위에서 아래로 방향이 있다. 자모는 1차원적 순서에 따라 배열되어 어떤 의미를 가지게 되는 것이다.

- **1차원** 한 방향, 길이
- **2차원** 두 방향, 면적
- **3차원** 세 방향, 부피

성냥개비 퍼즐 중에 성냥개비 여섯 개로 정삼각형 네 개를 만드는 문제가 있다. 일단 정삼각형 한 개를 만드는 데 성냥개비 세 개가 들어간다. 그 다음에는 무슨 수를 써도 평면상에서는 나머지 성냥개비 세 개로 정삼각형 세 개를 더 만드는 것은 불가능하다. 그러나 3차원으로 가서 정사면체를 만들면 문제가 쉽게 해결된다.

성냥개비 여섯 개로 정삼각형 네 개를 만든 입체는 크기와 모양이 같은 네 개의 평면 도형이 모여 만들 수 있는 유일한 입체이다. 성간 공간에 풍부한 메탄, 암모니아, 물은 모두 정사면체 구조를 가진다.

메탄에서는 탄소가 정사면체의 중심에 자리잡고, 네 개의 수소 원자들이 네 개의 꼭지점에 위치한다. 암모니아에서는 질소가 정사면체의 중심에 자리잡고, 세 개의 수소 원자들이 꼭지점에 위치하고

나머지 한 개의 꼭지점에는 결합에 참여하지 않은 비공유전자쌍이 자리잡는다. 물에서는 산소가 정사면체의 중심에, 두 개의 수소 원자들이 두 개의 꼭지점에, 두 개의 비공유전자쌍이 나머지 두 개의 꼭지점에 자리잡는다.

평면을 벗어나 입체적으로 생각하는 것은 자연을 이해하고 과학을 공부하는 데도 아주 도움이 되는 방법이다. 과학을 물리, 화학, 생물, 지구과학 식으로 평면상에 갈라놓고 공부하면 자연의 원리를 전체적으로 파악하기가 어렵고, 그러다 보면 암기식 공부가 되기 쉽다. 그러나 자연을 위에서 내려다보면 여러 분야간의 관계가 한눈에 드러나고 자연과학의 세계가 입체적으로 보인다.

한 예를 들어보자. 천문학의 영역인 별과 생물학에서 다루는 장미 사이에는 무슨 상관이 있을까? 우리는 장미의 아름다운 색깔과 향기에 취한다. 또 우리는 밤하늘의 별들을 바라보면서 "생각할수록 나를 경이감에 싸이게 하는 것이 두 가지가 있는데, 하나는 반짝이는 밤하늘의 별이고 다른 하나는 내 마음 속에서 빛나는 도덕률이다"라는 칸트의 말을 되새긴다. 그러나 과거에 우리는 별과 장미와의 관계를 알지 못했다.

빅뱅 우주론과 우주의 진화를 알고 나면 비로소 137억 년 전 빅뱅 우주에서 만들어진 수소와 몇십억 년 후에 어느 별들의 내부에서 만들어진 무거운 원소들이 지구에서 만나 또 몇십억 년 후에 장미도

만들고 우리 자신도 만든다는 사실을 깨닫게 된다. 시간적으로 공간적으로 이렇게 멀리 떨어진 장미와 별이 우리 앞에서 생명의 모습으로 연결되는 것을 깨닫는 것은 참으로 신선한 충격이다. 그리고 우주가 생기고 137억 년 후 오늘, 특별한 별인 태양에서 적당한 거리에 위치한 지구상에 장미와 인간이 자리잡은 데는 다양한 물리, 화학, 생물, 지구과학의 원리들이 들어 있다. 자연은 입체적이다. 그래서 자연을 잘 이해하려면 입체적인 사고가 필요하다.

생명의 화합물

1940년대에 DNA의 기능이 밝혀질 때까지 많은 과학자들은 아미노산의 결합으로 이루어진 단백질이 생명의 정보를 담은 유전물질이라고 추측했다. 단백질이건 DNA건 생명의 정보를 기록하는 데는 우주에 어느 정도 풍부한 원소들이 사용되었을 것이다. 아레시보 메시지에서 수소의 원자번호인 1 다음에 나오는 수는 탄소, 질소, 산소, 인의 원자번호인 6, 7, 8, 15이다. 우주에서 가장 풍부한 원소는 수소와 헬륨이고 나머지는 산소, 탄소, 질소의 순서이다. 헬륨은 반응성이 없기 때문에 생명에 사용될 수 없다. 탄소, 질소, 산소는 우주 공간에서 수소와 공유결합을 이루어 메탄, 암모니아, 물을 만든다. 약 40억 년 전 태초의 지구에서 수소와 메탄, 암모니아, 물은 아미노산과 같은 간단한 화합물을 만들고, 아미노산들이 결합을 이루어 단백질을 만들었으리라 추측된다.

생명의 정보를 담은 물질은 DNA이다. 그런데 아미노산이 단백질을 구성하는 기본 단위인 것과 마찬가지로 DNA의 기본 단위는 아데닌(adenine, A), 구아닌(guanine, G), 티민(thymine, T), 시토신(cytosine, C)이라 불리는 네 가지 염기이다. A, T, G, C 네 가지 염기는 수소, 탄소, 질소, 산소 네 가지 원소가 화학결합으로 뭉쳐서 만들어진 생명의 알파벳이고 생명의 화합물이다. 그래서 아레시보 메시지에는 다섯 가지 생명의 원소들의 원자번호 다음에 네 가지 염기가 등장한다. 40억 년 전 태초의 지구에서 생명의 알파벳이 채택됨으로써 생명이 탄생했다고 말해도 과언이 아닌 것이다.

3막 2장 이중나선 옆에서

⊙ 아홉 번째 뭉치기: 이중나선

아레시보 메시지에 네 가지 염기 다음에는 DNA 이중나선이 나온다. 구슬이 서 말이라도 꿰어야 보배이듯이 생명의 알파벳 A, T, G, C도 어떤 식으로 꿰어져야 생명의 정보를 기록할 수 있다. 자연은 당과 인산을 사용해서 나선형의 골격을 만들고 그 골격을 기반으로 A, T, G, C의 서열을 이루는 방식을 개발하고 사용한다. 즉 DNA의 나선은 당, 인산, 염기가 뭉쳐서 만들어진다. 뿐만 아니라 두 개의 나선이 뭉쳐서 이중나선 구조를 이룬다.

1953년에 무명의 왓슨(Watson)과 크릭(Crick)의 의해 이루어진 이중나선의 발견은 과학 역사상 가장 중요한 발견의 하나이다. 이중나선에서 두 개의 나선이 마주 보는 부분에는 염기쌍이 자리잡고 있다. 그런데 DNA는 왜 두 개의 나선이 마주 보는 모양을 가졌을까? 나선이 하나면 안 되나? 그에 답하기에 앞서 일단 유전 정보를 기록

하는 방법에 대해 생각해보기로 하자.

사람은 정보를 어떻게 기록하나? 옛날에는 석판, 목판, 파피루스 등을 사용했다. 그러니 종이와 인쇄술의 발명은 대단한 혁명이었다. 요즘은 컴퓨터의 디스크에 많은 정보를 기록한다. 디스크에 기록한다는 것은 무슨 뜻인가? 컴퓨터 작업을 하다가 저장을 안 하면 몽땅 날려버리는 수가 있다. 저장은 디스크에 기록을 남기는 것이다. 생명체도 어떤 식으로든 유전 정보를 기록해야 자기를 닮은 자식을 낳아서 종을 번식시킬 수 있을 것이다. 물론 살아가는 동안에도 수없이 세포 분열이 일어나는데 엉뚱한 세포들이 생기면 그것도 곤란하다.

생명체는 네 가지 염기를 알파벳으로 가지고 있다. 불과 네 가지 염기로 어떻게 복잡한 생명 현상을 적을 수 있을지도 문제지만 어떤 방식으로 적을까 하는 것도 문제이다. 세포 안의 어디에 적어야 할 테니까 웬만한 방법으로는 어림도 없다. 바늘 끝에 백과사전을 몽땅 기록하는 것보다 더 어려운 일이다. 그래서 자연은 원자가 몇 개 모여 이루어진 염기라는 자모를 채택하고, 정보를 기록하는 데는 일단 염기들을 일렬로 나열하는 방법을 채택했다.

다른 방법도 있을까? 과일 가게에서 과일을 쌓아놓듯이 염기를 쌓아놓는 방법도 있겠지만 기록을 했다면 언젠가는 정보를 읽기 위해서인데 염기 무더기를 다 휘저으며 읽어야 한다면 좋은 방법은 아니다. 아마도 자연은 처음에는 이 방법, 저 방법을 시도했을지 모

르지만 한 줄로 늘어놓는 방법을 사용해본 뒤로는 그 방식을 고수했다.

그럼 실제로 염기를 일렬로 늘어놓는 방법에는 어떤 것이 있을까? 구슬로 목걸이를 만들 듯이 염기들을 꿰면 되겠지만 분자 단위에서는 목걸이 만들기가 쉽지 않다. 40억 년 전에 자연이 채택한 방법은 지하철에서 사람들이 손잡이를 잡고 한 줄로 늘어선 것처럼 기다란 분자 막대기에다 손잡이를 죽 매달고 화학 결합을 통해서 염기들에게 일정한 순서대로 손잡이를 붙잡게 하는 것이다. 그럼 순서에 따라서 어떤 정보를 기록할 수 있을 것이다. 핵심은 '순서'이다. 러시아 출신의 물리학자 가모브가 유전 정보는 염기의 서열에 의해서 기록될 것이라고 예측했는데, 그게 바로 자연이 수천만 년의 시도 끝에 채택한 가장 만족스러운 해답이다.

남은 문제는 분자 막대기와 손잡이를 어떻게 만드느냐 하는 것이다. DNA의 당-인산 골격이 바로 염기를 일정한 순서로 배열하기 위한 수단이다. 자연은 인산-디옥시라이보즈-인산-디옥시라이보즈- 식으로 골격을 먼저 만들고 디옥시라이보즈 부분을 염기가 붙잡는 손잡이로 이용하는 방법을 발전시킨 것이다.

디옥시라이보즈(deoxyribose)는 당류의 일종이다. 우리가 밥을 먹으면 탄수화물이 분해되어서 포도당으로 바뀐다. 포도당은 탄소가 여섯 개인 6탄당의 일종이다. 그런데 디옥시라이보즈는 탄소가 다섯 개인 5탄당이다. 아무튼 중요한 것은 디옥시라이보즈에는 손

이 세 개가 있어서 두 개는 양쪽의 인산과 결합하는 데 사용하고 나머지 한 개로 염기와 손을 잡는다는 것이다. 인산도 양쪽의 디옥시라이보즈와 손을 잡아야 하니까 손이 적어도 두 개는 필요하다.

-인산-디옥시라이보즈-인산-디옥시라이보즈-인산-디옥시라이보즈-
염기 염기 염기

DNA 구조는 두 개의 나선형 가닥이 꽈배기처럼 꼬인 이중나선 구조이다. 그런데 두 개의 가닥은 똑같은 가닥이 아니라 서로 상보적인 가닥이다. 요(凹)와 철(凸)은 상보적이다. 凹凹凸凹凸을 DNA 한 가닥의 일부라고 한다면 그에 상보적인 상대 가닥의 일부는 凸凸凹凸凹가 될 것이다. DNA에서는 凹凸의 두 글자가 아니라 A, T, G, C 네 가지 염기의 순서에 의해 생명의 정보가 기록된다. 그런데 凹와 凸이 상보적이듯이 A는 T와, 그리고 G는 C와 상보적이다. 그래서 DNA 한 가닥에 예컨대 AACTG라는 순서가 있다면 이 가닥을 마주 보는 상보적인 가닥에는 TTGAC라는 순서가 있게 된다. 즉 A는 T와, 그리고 G는 C와 쌍으로 존재한다. 세상에는 음-양, 남-여, 대-소, 강-약, 고-저, 장-단, 경-중, 빈-부 같이 상보적인 쌍이 많다.

그런데 왜 염기는 쌍으로 있는 것일까? 유전 정보는 아주 중요한 정보다. 그러니까 잘 간수해야 된다. 지하철에서도 사람이 너무 많으면 손잡이를 잡고 있다가도 떠밀려서 손잡이를 놓치는 수가 있다.

한 손으로는 손잡이를 잡고 다른 손으로는 맞은 쪽 사람의 손을 잡으면 훨씬 덜 밀릴 것이다. 그것이 바로 수소 결합이다. 지하철 제일 앞칸부터 맨 뒤칸까지 사람들이 두 줄로 늘어서서 한 손으로는 당-인산 골격을 붙잡고, 다른 손으로는 상대방 염기와 수소 결합으로 손을 잡은 것이 바로 DNA의 이중나선 구조의 핵심이다. 그러니까 염기 서열을 골격의 안쪽에 안정하게 저장하기 위해서 이중나선을 이용한다고 볼 수도 있다.

이중나선 구조를 가지면 열쇠를 복사하듯이 똑같은 DNA를 복제해서 후손에게 물려주기에 아주 편리하다. 염기쌍은 A-A, T-T 식으로 같은 염기끼리 수소 결합을 이루는 게 아니고, A에는 T, G에는 C 식으로 결합하기 때문에 필요한 부분의 수소 결합을 떼서 두 가닥을 벌려놓고 각각의 가닥에 맞는 짝을 만들면 정확히 원래의 DNA가 두 개 생긴다. 빨간색 끈과 파란색 끈이 꼬여 있는데 그걸 푼 다음에 빨간색 끈에는 새 파란색 끈을 가져다가 꼬고, 파란색 끈에는 다른 빨간색 끈을 가져다가 꼬면 전체적으로 처음의 두 배가 되는 것과 마찬가지이다.

또 DNA의 두 가닥이 상보적이기 때문에 한 가닥의 정보가 손상을 입더라도 다른 가닥의 정보로부터 원상회복이 가능하다. 凹凹凸凹凸이 凹凹山凹凸로 바뀌었다고 하더라도 상보적인 凸凸凹凸凹로부터 山이 있는 자리에 凸이 있어야 한다는 사실을 알 수 있는 것이다. 이러한 상보성이 없다면 유전 정보는 불안해지고, 콩 심은 데

콩 나는 유전의 확실성을 보장하기 어려울 것이다. 40억 년 생명의 역사에서 유전적 안정성과 변이의 가능성의 적절한 균형을 통하여 '우주에서의 생명'을 파악할 지능을 갖춘 인간이 출현한 것이다.

DNA에서 또 하나 재미있는 점은 DNA는 아레시보 메시지에 나오는 수소, 산소, 탄소, 질소, 인의 다섯 가지 원소를 모두 포함하고 있는 화합물이라는 것이다. 한 분자 내에 유기화합물의 골격으로서의 탄소, 인산으로 하여금 산으로 작용하게 하기도 하고 또 디옥시라이보즈와 인산이 손을 잡도록 해주는 산소, 알파벳으로 사용되는 염기를 만드는 질소, 두 나선을 묶어주어 수소 결합을 가능하게 해주는 수소, 그리고 유전 정보를 기록하는 바탕을 제공하는 당-인산 골격을 만드는 인, 이 모두가 어울려서 생명의 핵심 화합물인 DNA를 만들어낸다. 간단한 박테리아의 DNA도 만들고, 이 넓은 우주를 관찰하고 이해할 능력을 지닌 인간의 DNA도 만든다. 누가 아레시보 메시지를 듣고 우리도 수소, 산소, 탄소, 질소, 인으로 만들어진 생명체다, 우리는 하나다 하는 메시지를 보내오지나 않으려나?

유전자와 유전의 법칙

유전자는 DNA 염기 서열 중에서 하나의 단백질을 만드는 데 필요한 만큼의 정보를 지닌 부분이다. DNA가 백과사전이라면 유전자는 한 단원에 해당한다. A, T, G, C가 생명의 자모라면 유전자는 생명의 파일인 셈이다. 대부분 유전자가 만드는 단백질은 효소 단백

질이다. 효소는 화학 반응이 체온 정도의 낮은 온도에서 빨리 일어나도록 도와주는 촉매이다. 예컨대 소화 효소가 없다면 음식이 소화되는 데 몇 년이 걸릴지 모른다.

생명체 사이의 차이는 효소의 차이에서 온다고 해도 과언이 아니다. 사람은 풀을 소화시킬 효소가 없지만 소의 위장에 들어 있는 박테리아의 효소는 풀을 소화시킨다.

효소의 특별한 기능은 그 단백질의 구조에서 나온다. 건축물의 구조와 기능이 밀접한 관계를 가지고 있는 것과 흡사하다. 1902년 노벨 화학상을 수상한 에밀 피셔는 효소의 기능을 열쇠와 자물쇠의 관계로 설명했다. 사람의 소화 효소는 쌀밥이나 빵에 들어 있는 녹말과는 구조적으로 딱 들어맞아서 소화를 시키지만, 셀룰로스는 맞지 않기 때문에 풀은 소화시킬 수 없다는 것이다. 박테리아의 생명 활동은 약 4천 종류의 열쇠-자물쇠 관계에, 사람의 생명 활동은 약 수만 종류의 열쇠-자물쇠 관계에 의존하는 셈이다. DNA 복제에도, DNA로부터 단백질을 만드는 데에도 단백질로 이루어진 효소가 필요하다.

단백질의 구조는 스무 가지 아미노산이 얼마만큼 어떤 순서로 들어 있느냐에 달려 있다. 그런데 이 아미노산의 서열은 바로 DNA 염기 서열로부터 온다. 다행히도 염기 서열은 그대로 자식에게 유전되기 때문에 결국 우리 자식들의 키, 피부 색깔, 눈동자 색깔, 머리카락 색깔 등을 결정하는 단백질이 부모와 같은 아미노산 서열을 가지

게 되는 것이다.

A, T, G, C의 네 가지 염기를 알파벳으로 사용하여 기록한 유전 정보로부터 단백질을 만들어 생명을 영위하는 인간이 유전의 법칙을 이해하게 되는 데는 완두콩이라는 식물이 중요한 역할을 했다. 오스트리아의 수도승이었던 멘델(Mendel)은 몇 가지 특징을 지닌 완두콩을 재배하면서 키, 콩의 색깔 및 모양 등의 특징이 어떻게 유전되는지를 면밀하게 조사했다. 그리고 엄청난 양의 자료를 통계적으로 처리해서 유전법칙을 확립했다.

키가 큰 형질을 결정하는 유전자를 장(長), 키가 작은 형질을 결정하는 유전자를 단(短)이라고 하자. 실상 멘델이 살던 당시에는 유전자라는 말도 없었고, 유전자가 들어 있는 염색체도, DNA도 알려지지 않았다. 대부분 식물은 암술과 수술을 통해서 암수 양쪽의 유전 정보를 받아들이고 조합해서 후대의 형질을 결정한다. 양쪽에서 모두 長을 받아서 長-長의 유전자 조합을 가진 순종의 경우에는 키가 큰 완두콩이 자란다. 양쪽에서 모두 短을 받아서 短-短의 조합을 가진 순종의 경우에는 키가 작은 완두콩이 자랄 것이다. 그런데 長과 短이 조합을 이루면 키가 큰 완두콩이 자란다. 이런 경우에 長을 우성, 短을 열성이라고 한다. 같이 있을 때 우세한 쪽의 특징이 나타나는 것이다.

여기 長-長의 유전자 조합을 가져서 키가 큰 완두콩과 短-短의 조합을 가져서 키가 작은 완두콩이 있다고 하자. 두 완두콩을 교배

하면 다음 세대에는 모든 완두콩은 長-短 조합을 가진 잡종이 될 테고, 長이 우성이기 때문에 키가 큰 완두콩만 자랄 것이다. 이 잡종을 서로 교배하면 키가 큰 완두콩과 키가 작은 완두콩이 어떤 비율로 나타날까?

> 長과 短이 하나씩 들어 있는 상자가 두 개 있다. 각각 상자에서 글자를 하나씩 꺼내면 長-長, 長-短, 短-長, 短-短의 네 가지의 조합이 얻어진다. 여기서 우성인 長을 포함한 세 개의 조합에서는 키가 큰 완두콩이 자라고, 열성인 短만을 가진 한 개의 조합에서는 키가 작은 완두콩이 자란다. 즉 3:1의 비율로 키가 큰 완두콩과 작은 완두콩이 얻어진다.

長-短 조합을 가진 잡종을 서로 교배했을 때 키가 작은 완두콩이 나타날 확률은 1/4이다. 가능한 경우의 수가 4이고 (長-長, 長-短, 短-長, 短-短), 그 중 한 경우에만 (短-短) 작은 완두콩이 나타나기 때문이다.

가상적으로 키가 큰 완두콩에서는 노란 콩이 열리고, 키가 작은 완두콩에서는 녹색 콩이 열린다고 하자. 뿐만 아니라 키가 작은 완두콩에서는 키가 큰 완두콩에 비해 두 배의 콩이 열린다고 하자. 長-短 조합을 가진 잡종을 서로 교배했을 때 노란 콩과 녹색 콩은 3:2의 비율로 수확되리라 기대할 수 있다.

- **노란 콩** 3
- **녹색 콩** 1 × 2

확률론을 확립하는 데 크게 기여한 사람으로는 파스칼(Pascal)을 꼽을 수 있다. 그의 친구 중 드 멜레라는 도박사가 있었다. 그는 파스칼에게 아래와 같이 편지를 보냈다.

"솜씨가 비슷한 A, B 두 사람이 32피스톨(옛날 스페인 금화) 씩을 걸고 내기를 하고 있다. 먼저 세 번 이긴 사람이 64피스톨을 모두 갖기로 했다. A가 두 번, B가 한 번 이긴 시점에서 시합을 중지하게 되었다면 64피스톨을 어떻게 분배하는 것이 합리적일까?"

파스칼은 다음과 같이 답장을 보냈다.

"다음 한 판에서 A가 이긴다면 A는 세 번 이긴 것이 되므로 64피스톨을 가진다. 만약 B가 이긴다면 둘 다 두 번 이겨서 비긴 셈이니까 32피스톨씩 나누어 가지면 된다. A는 어쨌든 32피스톨은 가진다. 나머지 32피스톨을 딸 확률은 절반이니까 A에게 먼저 32피스톨을 주고 나머지의 반인 16피스톨을 더 주면 된다. 결과적으로 A는 48피스톨을, B는 16피스톨을 가지게 된다."

파스칼의 답변은 다음과 같이 표현할 수 있다.

네 번째 게임에서 A가 이길 확률 × 기대치 = (1/2)(64) = 32

네 번째 게임에서 A가 질 확률 × 기대치 = (1/2)(32) = 16

A가 이기거나 지는 경우는 독립적이므로 32와 16피스톨을 합한

48피스톨을 받아야 한다.

유전암호

A, T, G, C의 네 가지 염기를 자모로 사용하여 DNA에 기록된 유전정보는 단백질의 아미노산 서열로 바뀌어야 한다. DNA에 기록된 유전정보는 RNA의 염기서열로 전사(transcribe)되고, RNA의 염기서열은 단백질의 아미노산 서열로 번역(translate)된다. 그런데 RNA에서는 T 대신 U(uracil)가 사용된다.

아미노산에는 스무 종류가 있다. 그렇다면 염기와 아미노산을 어떤 방식으로 대응시켜야 할까? 염기와 아미노산이 1 대 1로 대응한다면, 즉 예컨대 '염기 A에는 1번 아미노산을, U에는 2번 아미노산'을 식으로 RNA의 유전정보를 해독한다면 네 가지 아미노산밖에는 지정하지 못할 것이다.

1번 상자에는 A가, 2번 상자에는 U가, 3번 상자에는 G가, 4번 상자에는 C가 여러 개씩 들어 있다고 하자. 두 개의 글자를 꺼내서 늘어놓는 방법은 몇 가지일까? 단 같은 상자에서 두 개를 꺼내도 된다. AU, UA같이 순서가 다른 것은 다른 순열이 된다. RNA에는 방향성이 있기 때문에 염기의 순서는 중요하다. 즉 RNA의 염기 서열에서 AU와 UA는 다른 의미를 가진다.

AA	UA	GA	CA
AU	UU	GU	CU
AG	UG	GG	CG
AC	UC	GC	CC

첫 자리에 올 수 있는 글자가 네 가지 있고, 각각에 대해 둘째 자리에도 네 가지 글자가 올 수 있다. 따라서 전체 가지 수는 4×4=16이 된다. 이처럼 두 개의 염기를 하나의 아미노산에 대응시키면 열여섯 가지의 아미노산밖에는 지정하지 못한다. 세 개의 염기를 하나의 아미노산에 대응시키면 스무 가지의 아미노산을 충분히 지정할 수 있다.

가모브는 이런 분석을 통해서 세포에는 세 개의 염기를 하나의 아미노산에 대응시키는 유전암호 시스템이 있으리라고 예측했다. 실제로 단세포로부터 식물, 동물 등 모든 생명체는 그러한 triplet code를 사용해서 유전정보로부터 단백질을 만든다.

아미노산, 단백질, 단백질체

태초의 지구에서 생명은 어떻게 시작되었을까? 생명의 기원에 관한 중요한 실험으로 밀러(Miller)와 유리(Urey)의 실험이 있다. 밀러는 유리기구 안에 태초 지구에 풍부하리라 예상한 수소(H_2), 메탄

(CH_4), 암모니아(NH_3), 그리고 물(H_2O)을 섞어놓고 전기방전을 시키면 아미노산이 만들어지는 것을 발견했다.

수소, 메탄, 암모니아, 물은 각각 수소가 자신과, 탄소와, 질소와, 그리고 산소와 화학결합을 이룬 분자이다. 이 중 수소, 메탄, 암모니아는 상온에서 기체다. 그래서 밀러는 물을 끓이면서 수증기가 다른 기체와 반응하도록 장치를 만들었다. 하루가 지나자 용액이 붉은 색을 띠면서 반응이 일어나는 것을 나타냈다. 아미노산이 만들어진 것을 증명하기 위해 밀러는 종이크로마토그래피 방법을 사용했다. 시카고대학의 지도교수였던 해롤드 유리는 후일 가장 유명한 논문의 하나가 된 1953년 사이언스 논문에 자신의 이름이 들어가는 것을 사양했다. 대학원생인 밀러의 독창적인 연구를 인정한 것이다.

대부분의 단백질은 300개 정도의 아미노산으로 이루어졌다. 아미노산은 한 몸에 암수가 들어 있는 생물처럼 산(카르복실기)과 염기(아민기) 부분이 다 들어 있는 분자이다. 두 개의 아미노산이 만나면 축합반응을 일으켜 펩타이드 결합을 이룬다. 단백질은 수백 개의 아미노산이 양쪽으로 축합반응을 일으킨 고분자이다.

효소 작용 등 단백질의 기능은 3차원 구조에서 나온다. 요즘 중요해지고 있는 단백질체학(프로테오믹스)은 세포에서 발현되는 단백질의 구조와 기능의 관계를 밝혀서 질병을 진단하고 치료하는 데 유용한 정보를 얻고자 하는 노력이다.

위에서 단백질은 300개 정도의 아미노산으로 이루어졌다고 했는데 300이라는 숫자가 어디서 나왔는지 알아보자.

유전체

아주 간단한 단세포생물은 유전자가 3-4천 개에 불과하다. 3-4천 종의 단백질만 만들면 세포의 구조를 유지하고, 물질과 에너지 대사도 하고, 유전물질을 복제해서 대물림도 하는 등 독자적인 생명체로 기능할 수 있다.

3-4천 개의 유전자를 가지고 있는 단세포생물의 A-T, G-C 염기쌍 수는 3-4백만 개 정도이다. 유전자 한 개당 천 개 정도의 염기쌍이 들어 있다는 이야기다. 그런데 앞에서 살펴본 대로 모든 생명체는 3개의 염기 서열을 하나의 아미노산에 대응시키는 유전암호 시스템을 사용한다. 그러니까 하나의 유전자가 만들어내는 단백질은 1000/3 ≒ 300개 정도의 아미노산으로 되어 있다. 아미노산의 분자량은 100 정도니까 단백질의 분자량은 약 3만이 된다. 물론 유전자의 염기쌍 수도 차이가 있고, 따라서 단백질도 종류에 따라 분자량에 차이가 있다.

인간은 2만 5천 개 정도의 유전자를 가지고 있다고 한다. 이러한 유전자(gene)의 총체를 유전체(genome)라고 한다. 인간의 유전체

에 들어 있는 유전자 수는 박테리아의 유전체에 들어 있는 유전자 수의 10배도 안 되는 데 비해 염기쌍 수는 30억 개 정도로 박테리아 유전체의 염기쌍 수(3-4백만)의 1000배 정도나 된다. 박테리아는 유전체의 유전정보를 모두 사용하는 데 비해 인간은 약 1%만을 사용한다는 결론이 된다. 이 1%에 해당하는 DNA 부분을 엑손(exon)이라고 한다.

머리카락이 자라는 속도

단백질이 하는 중요한 일 가운데 하나는 몸을 만드는 것이다. 근육, 뼈, 관절, 두뇌, 신경, 머리카락, 손톱 어디 하나 단백질이 빠지는 데라고는 없다.

머리카락을 만드는 케라틴이라는 단백질은 용수철같이 생겨서 특히 신축성이 높다. 마치 알파(α)자를 아래로 이어쓴 것 같다. 이런 구조를 발견한 폴링은 이것을 알파 나선이라고 불렀다. 대부분의 단백질은 부분적으로 알파 나선 구조를 가지고 있는 데 비해 케라틴은 거의 대부분이 알파 나선 구조라서 전체적으로 용수철 같은 성질을 나타낸다.

머리카락은 한 달에 약 2센티미터씩 자란다. 머리카락이 그런 속도로 자라려면 원자 세계에서는 아미노산이 1초에 몇 개씩 붙어나가야 할까?

$$(2 \times 10^{-2}\text{ 미터})/(30 \times 24 \times 60 \times 60\text{초}) = 10^{-8}\text{ 미터/초}$$

그런데 폴링은 X-선 회절 방법을 사용해서 아미노산이 한 개 붙어나갈 때마다 알파 나선이 1.5옹스트롬, 즉 1.5×10^{-10}미터씩 자라는 것을 알아냈다.

$$(10^{-8}\text{ 미터})/(1.5 \times 10^{-10}\text{ 미터}) = 60$$

그러니까 매초 아미노산이 60개 정도씩 알파 나선에 붙어나가야 하는 것이다. 그것도 아무런 아미노산이나 빨리만 붙인다고 해서 되는 게 아니다. 케라틴을 만드는 유전자의 염기 서열이 지시하는 대로 정확한 아미노산 서열을 이루어야 한다. 그런 것을 생각해 보면 생명체는 대단히 정확도와 효율이 높은 기계이다. 이러한 생명 활동은 세포를 단위로 해서 일어난다.

폰 노이만 머신

컴퓨터의 대부라고 불리는 프린스턴 대학 고등연구소의 폰 노이만은 자기 자신과 똑같은 기계를 만들 수 있는 기계가 가능할까 하는 문제를 제기했다. 그런 기계를 폰 노이만 머신이라고 한다. 자신의 여러 부품들을 순서에 따라 가져다가 조립하려면 상당히 지능이 필요할 테고, 그런 지능을 갖추려면 메모리가 많이 필요할 테고, 그러면 더 많은 메모리를 가진 기억 소자를 조립해야 하고... 식으로 크

기가 기하급수적으로 늘어날 것이다.

그런데 자연은 폰 노이만 머신을 만들어냈다. 지름이 몇 마이크론(천 분의 1밀리미터)에 불과한 단세포 박테리아가 그것이다. 대장균은 조건만 맞으면 20분 만에 자기와 똑같은 개체를 복제한다. 물론 그 사이에 생명을 유지하기 위한 모든 대사 활동을 하고, DNA에 들어 있는 400만 개 정도의 염기쌍을 순서대로 복사해서 새로운 개체에게 나누어준다.

지금부터 40억 년 전, 지구의 나이가 6억 년 정도 되었을 때 최초의 세포가 생겨난 것은 인간으로 이어지는 기나긴 생명의 여정의 출발이었다. 그 이후 모든 생명은 공통적인 생명의 알파벳을 사용하면서 DNA 이중나선을 대물림해왔다.

이중나선 옆에서

하나의 이중나선을 만들기 위해
150억 년 전 빅뱅 우주는
그렇게 수소를 만들었나보다.

하나의 이중나선을 만들기 위해
적색거성은 또 그렇게 탄소, 질소, 산소
그리고 인을 만들었나보다.

긴장과 초조로 가슴 조이던
기나긴 우주 진화의 갈림길에서
이제는 돌아와 내 몸에 자리잡은
생명의 화합물 이중나선이여.

모든 생명은 한 가족이라서
소쩍새도, 국화도, 내 누님도
A, T, G, C 같은 알파벳을 사용하나보다.

대칭성

단백질은 스무 종류의 아미노산이 결합된 고분자 화합물이다. 그런데 각각의 아미노산에는 두 종류가 있다. 그 두 종류의 차이는 왼손과 오른손의 관계이다.

아스파라긴은 스무 가지 아미노산의 하나이다. 아스파라긴은 콩나물에 많이 들어 있는데 숙취에 효과가 있다고 한다. 왼손 아스파라긴은 l-아스파라긴, 오른손 아스파라긴은 d-아스파라긴이라고 한다.

그런데 이상하게도 자연은 단백질을 만드는 데 왼손 아미노산만을 사용한다. 단백질에 들어 있는 l-아스파라긴은 좋은 맛을 내는데 비해 오른손 아스파라긴은 쓴맛을 낸다.

의약품 중에는 한 쪽은 약효를 나타내고 다른 쪽은 약효가 없거

나 경우에 따라서는 심한 부작용을 나타내기도 한다. 오른손을 왼쪽 장갑에 끼면 맞지 않듯이 분자의 세계에서도 한 쪽이 맞으면 다른 쪽은 맞지 않는다. 그래서 요즘은 약품도 약효가 있는 한 쪽만을 분리해서 팔도록 되어 있다. (19세기 중반에 불란서의 루이 파스퇴르(Pasteur)는 처음으로 같은 화합물의 오른손, 왼손 형을 분리해냈다.)

생명이 처음 시작될 때 l-아미노산을 사용하는 방향으로 발전해서 지금까지 내려온 것으로 보인다. 그래서 왼손잡이도 오른손잡이도 모두 왼손잡이 l-아미노산을 사용한다. 그리고 보면 외계의 생명체는 왼손잡이일지 오른손잡이일지 궁금하다.

열역학 법칙

밀러 실험에서 아미노산이 만들어지는 비교적 간단한 반응이나 세포 내에서 일어나는 DNA의 복제, 단백질의 합성 등 복잡한 반응이나 모두 열역학 법칙에 따라 일어난다. 산업혁명 당시 열역학 발전의 동기가 된 증기기관, 우주선 발사용 로켓, 핵발전도 마찬가지이다.

열역학 1법칙은 우주의 에너지는 보존된다고 말한다. 질량과 에너지의 등가가 알려짐에 따라 보존되는 우주의 에너지는 질량을 포함한다.

열역학 2법칙은 우주의 엔트로피(무질서의 척도)는 증가한다고 말한다. 주말에 정리를 한 방의 수요일날 모습을 보면 열역학 2법칙

을 부정하기 어렵다. 방을 청소하면 방의 엔트로피는 감소하지만, 그 과정에서 흘리는 땀과 내뿜는 열은 우주의 엔트로피를 증가시킨다. 두 가지 효과를 합하면 우주의 엔트로피는 증가한다. 엔트로피의 증가는 유용한 에너지의 소모에 해당한다. 에너지를 사용할 때마다 수수료를 내는 것이다.

열역학 3법칙은 우리가 아무리 노력해도 절대온도 0도에 근접할 수는 있어도 도달할 수는 없다고 말한다.

• **열역학 법칙은 다음과 같이 재치있게 요약되기도 한다.**

1. 당신은 이길 수 없다.
2. 당신은 심지어 비길 수도 없다.
3. 당신은 그 게임에서 벗어날 수조차 없다.

생명은 이런 자연법칙의 한계 내에서 무질서로부터 질서를 만들어내고 생명의 정보를 대물림한다.

3막 3장
호모 사이엔티피쿠스

⊙ 열 번째 뭉치기: 인간 탄생

약 40억 년 전에 태초의 바다에서 하나의 세포로 출발한 지구의 생명체는 오랜 진화를 거쳐 현대인으로 발전했다. 우리와 외형상으로 구분이 안 되는 현생인류(*Homo sapiens sapiens*)는 약 15만 년 전에 출현한 것으로 추정된다. 대표적 현생인류인 크로마뇽인은 1868년에 프랑스에서 발견된 뼈가 들어 있는 바위의 나이로부터 2만 8천 년 전에 살았던 것으로 알려졌다.

우리 몸이 약 100조 개의 세포로 이루어졌다니 40억 년 생명의 역사는 세포 뭉치기의 역사로 볼 수도 있겠다. 그 역사를 간단히 개괄해보자. 현재 대부분의 생명체에서 유전정보를 기록하는 DNA는 세포핵에 저장되어 있다. 40억 년의 절반에 해당하는 처음 20억 년 정도의 기간에는 모든 생명체는 세포핵을 가지지 않은 원핵생물(prokaryote)로 살아갔다. 약 20억 년 전에 새포핵을 가진 진핵생물

(eukaryote)이 생기고 나서도 약 10억 년이 지나서야 단세포생물에서 다세포생물로 발전했다. 생명 역사의 4분의 3 정도가 지나고 나서야 세포 뭉치기가 이루어진 셈이다. 나머지 10억 년의 절반인 5억 년이 지난 후, 즉 지금부터 약 5억 년 전에 캄브리아 폭발로 알려진 종의 급격한 증가가 일어나서 많은 화석 기록을 남겼다. 아직은 생물이 육상으로 진출하기 전이다.

그 후 육지에 식물이 먼저 진출하고 다음에 동물이 진출한 다음 공룡의 전성기와 멸종을 거쳐 포유류가 득세한다. 인류의 조상이 인류와 침팬지의 공통조상으로부터 갈라진 것은 약 700만 년 전이라고 알려졌다. 직립해서 두 손이 자유로워진 호모 에렉투스(*Homo erectus*)는 도구를 사용하는 호모 하빌리스(*Homo habilis*)로 발전하고, 현명한 호모 사피엔스(*Homo sapiens*)가 되고 나서는 농경을 시작하고 청동기, 철기문명을 일으킨다. 한편 음악, 미술, 문학 등 감성적인 면과 철학, 수학 등 지성적인 면에서도 놀라운 진보를 가져온다.

르네상스 이후 코페르니쿠스, 갈릴레오, 뉴턴으로 대변되는 근대과학이 시작되었다. 18, 19세기를 거치면서 근대화학, 전자기학, 열역학이 확립되었으나 20세기에 이루어진 현대과학의 업적은 그 이전에 이루어진 과학의 모든 성과를 합친 것보다 훨씬 풍부하고 뛰어나다. 20세기 전반에 자리잡은 상대성이론과 양자역학, 그리고 20세기 후반에 확고한 위치를 차지한 빅뱅우주론 덕분에 자연을 인식하

는 틀이 크게 바뀌었다. 이러한 물리학의 혁명에 따라 화학과 생명과학도 새로운 도구와 방법론을 가지고 도약을 하게 된다. 그래서 나는 137억 년 우주의 역사에서, 그리고 40억 년 생명의 역사에서 마지막 100년에 인간은 비로소 호모 사이엔티피쿠스(*Homo scientificus*)가 되었다고 말하고 싶다.

호모 사이엔티피쿠스가 되기 위해서는 얼마만큼의 원자들이 뭉쳐야 할까?

우리 몸에는 대충 1에 0을 28개 붙인 개수의 원자가 들어 있다. 이것은 1백조에 1백조를 곱한 수다. 체중이 60킬로그램 정도밖에 안 되는 사람의 몸에 그렇게 많은 원자가 들어 있는 것은 원자가 아주 작고 가볍기 때문이다.

우리 몸의 원자 수를 어떻게 알 수 있을까? 체중의 70% 정도는 물이다. 그러니까 우리 몸을 60킬로그램의 물로 보아도 큰 오차는 없다.

아주 큰 수나 아주 작은 수는 10의 지수로 표시하는 것이 편하다.

- 만 = 10,000 = 1×10^4
- 만 분의 1 = 0.0001 = 1×10^{-4}
- 억 = 100,000,000(10^8)
- 억 분의 1 = 0.00000001 = 1×10^{-8}
- 조 = 1,000,000,000,000(10^{12})

체중이 70킬로그램인 사람의 몸을 모두 물로 보고, 사람의 몸에 들어 있는 원자 수를 계산해보자.

- 수소의 원자량 $= 1$
- 산소의 원자량 $= 16$
- 세 개의 원자로 구성된 물(H_2O)의 분자량

  $= (1 \times 2 + 16) = 18$
- 물을 구성하는 세 개 원자의 평균 원자량 $= 18/3 = 6$
- 물 60킬로그램에 들어 있는 원자의 몰 수

  $= 60{,}000/6 = 10{,}000 = 10^4$

  (만 몰의 원자가 모여 만물의 영장이 된다!)
- 1몰에 들어 있는 입자 수(아보가드로수) $= 6 \times 10^{23}$
- 사람 몸에 들어 있는 원자 수 $= 6 \times 10^{23}(10^4) = 6 \times 10^{27}$

  $\fallingdotseq 1 \times 10^{28}$
- 지수끼리 곱할 때는 지수를 더하면 된다.

  $(10^{23})(10^4) = 10^{(23+4)} = 10^{27}$

사람의 몸에는 약 10^{28}개의 원자가 들어 있다.

그런데 사람의 몸에는 약 1백조(10^{14}) 개의 세포가 들어 있다.

세포 하나에 들어 있는 원자 수 $= 10^{28}/10^{14}$

지수끼리 나눌 때는 지수를 빼면 된다.

$(10^{28})/(10^{14}) = 10^{(28-14)} = 10^{14}$(백조)

그러니까 약 1백조 개의 원자가 모여서 한 개의 세포를 만들고, 약 1백조 개의 세포가 모여서 사람을 만드는 셈이다.

- **사람 몸의 원자 수** 1백조 × 1백조

$= 10,000,000,000,000,000,000,000,000,000 (10^{28})$

한편 약 1천억(10^{11}) 개의 별이 모여 은하를 만들고, 약 1천억 개의 은하가 모여 우주를 만든다. 우주에는 약 1천억 × 1천억 개의 별이 있는 것이다.

- **우주의 별 수** 1천억 × 1천억

$= 10,000,000,000,000,000,000,000 (10^{22})$

이처럼 사람과 우주의 구조에는 흥미로운 유사성이 있다. 그래서 인간은 소우주라고 했나보다.

세포의 크기

약 40억 년 전에 하나의 세포로 출발한 지구상의 생명은 인간의 출현으로 이어졌다. 사람의 몸은 약 10의 14제곱 개의 세포가 뭉쳐서 이루어졌다. 그리고 사람의 몸에 들어 있는 원자 수는 10의 28제곱

정도이다. 그렇다면 세포 하나에는 약 10의 14제곱 개의 원자가 들어 있는 셈이다.

세포는 얼마나 작을까? 사람이 몸을 구부려서 둥글게 만든다면 지름은 1미터 정도가 될 것이다. 사람의 몸에 개수로 제일 많이 들어 있는 수소 원자의 지름은 1옹스트롬(0.1나노미터, 10^{-10}미터) 정도이다. 이 값들로부터 세포의 크기를 추정할 수 있을까?

- 사람 몸의 원자 수(10^{28})
  = 사람 몸의 세포 수(10^{14}) × 세포 하나의 원자 수(10^{14})
- 사람 몸의 부피/세포의 부피 = 세포의 부피/원자의 부피
- 세포의 부피 = 〔(원자의 부피)(사람 몸의 부피)〕$^{1/2}$
- 세포의 지름 = 〔(원자의 지름)(사람 몸의 지름)〕$^{1/2}$

세포의 부피는 원자의 부피와 사람 몸의 부피의 기하평균이다.

마찬가지로 세포의 지름은 원자의 지름과 사람 몸의 지름의 기하평균이다.

- 세포의 지름 = 〔(원자의 지름)(사람 몸의 지름)〕$^{1/2}$
  = 〔(10^{-10}미터)(1미터)〕$^{1/2}$
  = 10^{-5}미터 = 10×10^{-6}미터
  = 10마이크로미터

인간유전체

아레시보 메시지에는 이중나선 가운데 30억이라는 숫자가 들어 있다. 외계인에게 우리는 DNA에 염기쌍을 30억 개쯤 가진 존재라고 말하고 싶은 것이다. 인간유전체 프로젝트에서 말하는 30억 개의 염기쌍 말이다. 30억이라면 세계 인구의 절반이고, 30억 쌍이니까 염기 수를 따지면 바로 세계 인구이다.

30억 개 염기쌍의 의미를 확실히 하기 위해 세포 내에 유전정보가 어떤 식으로 들어 있나 생각해보자. 백과사전 한 질의 모든 정보를 한 권에 집어넣으려면 책이 너무 두꺼워질 것이다. 그래서 백과사전을 20권 정도로 나누었다. 마찬가지로 사람 세포의 유전정보는 23개의 염색체에 나누어져 있다. 그런데 사람의 체세포(생식세포가 아닌)에는 아버지에게서 온 염색체가 23개, 어머니에게서 온 염색체가 23개, 도합 46개 즉 23쌍의 염색체가 들어 있다. 마치 백과사전이 1A, 1B, 2A, 2B, … 23A, 23B 식으로 구성된 셈이다. 하나의 염색체 내에서는 모든 염기쌍이 당-인산 골격에 의하여 결합되어 있다. 하나의 세포에는 46개의 DNA 분자가 들어 있는 셈이다.

아버지에게서 왔건 어머니에게서 왔건 어느 특정한 염색체에 들어 있는 유전정보는 거의 같다. 예컨대 헤모글로빈을 만드는 정보를 가진 유전자는 양쪽 다 같은 번호의 염색체에 들어 있다. 단지 같은 유전자라고 해도 염기 서열은 0.01% 정도 차이가 있다. 차이가 그렇게 작다면 염기 서열을 결정하고 유전정보를 해독할 때 양쪽을 다

할 필요는 없다. 그래서 아버지나 어머니 한 쪽에서 온 23개의 염색체만 조사한다. 23개의 염색체에 들어 있는 염기쌍의 수가 30억이다. 그리고 사람의 체세포에는 그 두 배인 60억 개의 염기쌍이 들어 있다.

평균적으로 하나의 염색체에는 30억/23 = 1.3억 개의 염기쌍이 들어 있다.

DNA의 크기

DNA 이중나선은 사다리를 꽈배기같이 꼬아놓은 모양이다. 사다리의 손잡이 부분은 당-인산 골격이고, 사다리의 한단 한단은 염기쌍에 해당한다. 이중나선의 폭(한 쪽 나선의 당-인산 골격에서 다른 쪽 나선의 당-인산 골격까지 거리; 사다리의 폭에 해당)은 약 2나노미터이고, 염기쌍 사이의 거리(사다리의 단 사이의 거리)는 약 0.3나노미터이다. 사람의 세포 하나에 들어 있는 DNA에는 약 60억 개의 염기쌍이 들어 있고, 사람의 몸에는 약 100조 개의 세포가 들어 있다. 사람의 몸 전체에 들어 있는 DNA를 뭉치면 크기가 어느 정도 될까?

60억 개의 염기쌍이 하나의 분자로 연결되어 있다고 하자. 이 거대 DNA 분자를 직선형 분자로 생각하면 이는 지름이 2나노미터이고 두께가 0.3나노미터인 동전 60억 개를 쌓아놓은 것과 같은 모양이 된다. 동전 한 면의 면적은 반지름이 1나노미터인 원의 면적이다.

동전 한 개의 부피는 이 원의 면적에 동전의 두께인 0.3나노미터를 곱한 값이다. DNA 분자의 부피는 동전 한 개의 부피의 60억 배가 될 것이다.

우선 이중나선의 단면적을 계산해보자. 반지름이 1인 원의 면적을 생각해 보면 한 변의 길이가 1인 정사각형 면적의 4배보다는 작고, 2배보다는 크다는 것을 알 수 있다. 3배에 가까우리라는 것도 짐작할 수 있다. 이 비율은 원주율(π)로 알려진 3.14에 가까운 값이다.

원래 원주율은 원의 둘레 길이와 원의 지름의 비율이다.

- 원 둘레의 길이 = 원주율(π) × 지름
- 원의 넓이 = 원주율(π) × (반지름)^2
- 구의 부피 = (4/3) × 원주율(π) × (반지름)^3

두 자연수의 비로 표시할 수 있는 수를 유리수라고 한다.

원주율은 두 자연수의 비로 표시할 수 없는 무리수의 하나이다.

DNA 이중나선의 부피를 구하는 문제에서 어느 정도 정확한 값을 원하는가에 따라 계산 방법이 달라질 수 있다. 염기쌍의 수 60억도 약 5%의 오차를 가진 수이다. 원주율을 3.14 대신 3으로 하면 약 5%의 오차가 생긴다. 이런 오차의 한계를 염두에 두고 정확한 원주

율 대신 3을 사용하기로 하자. 이때 얻어지는 장점은 속셈을 쉽게 할 수 있다는 점이다.

- 반지름이 1나노미터인 이중나선의 단면적
  $\fallingdotseq 3\times(1\times10^{-9})^2$제곱미터 $= 3\times10^{-18}$제곱미터

- 이중나선의 길이 $=$ 염기쌍 사이의 거리$\times$염기쌍의 수
  $=$ (0.3나노미터)(60억)
  $=$ (3×10^{-10}미터)(6×10^{9}) $=$ 1.8미터

- 이중나선의 부피 $=$ 이중나선의 단면적 $\times$ 이중나선의 길이
  $=$ (3×10^{-18}제곱미터)(1.8미터) $= 5.4\times10^{-18}$세제곱미터

이제 부피가 5.4×10^{-18}세제곱미터인 DNA를 구로 만들었을 때 지름이 얼마나 될지 알아보자.

- 구의 부피 $= (4/3)\times$원주율$(\pi)\times$(반지름)^3

원주율을 3으로 하고, 반지름 $=$ 지름$/2$ 관계를 대입하면
구의 부피 $\fallingdotseq$ 지름$^3/2$
$=$ 변의 길이가 구의 지름과 같은 정육면체의 부피$/2$

• DNA 구의 지름 $\fallingdotseq (2\times5.4\times10^{-18}\text{세제곱미터})^{1/3}$

$= (10.8)^{1/3}(10^{-18}\text{세제곱미터})^{1/3}$

2의 세제곱은 8이고, 3의 세제곱은 27이다. 10.8의 세제곱근은 2에 가까울 것이다.

• DNA 구의 지름 $\fallingdotseq 2\times10^{-6}$미터 = 2마이크로미터

하나의 세포에 들어 있는 DNA를 뭉쳐 구를 만든다면 그 구의 지름은 2마이크로미터 정도가 될 것이다. 앞에서 구한 하나의 세포의 지름이 약 10마이크로미터인 것을 상기하자.

이번에는 사람의 몸을 구성하는 100조 개의 세포에 들어 있는 DNA를 모두 모아서 하나로 뭉친 커다란 DNA 구의 지름을 계산해 보자.

3차원적으로 100조 개의 세포가 뭉쳐 있다면 한 방향으로(1차원적으로) DNA의 지름은 100조의 세제곱근만큼 커질 것이다.

$100\text{조} = 10^{14}$

$(10^{14})^{1/3} = (100)^{1/3}(10^{12})^{1/3} \fallingdotseq 5\times10^{4}$

$(2\times10^{-6}\text{미터})(5\times10^{4}) = 10^{-1}\text{미터}$

$= 10$센티미터(주먹만한 크기)

인간은 이처럼 자신의 주먹만한 크기의 DNA에 모든 생명의 핵심 정보를 저장하고 단백질을 사용하여 세포 활동을 하는 생명체이다. 그런데 흥미로운 것은 우리 몸에 들어 있는 약 100조 개의 세포들이 여러 가지 조직을 만들어서 제각기 다른 기능을 발휘하고, 이들이 합동해서 우주와 생명을 이해하고 외계의 생명을 찾는 일까지 하고 있다는 점이다.

에필로그

외계에도 생명체가 있을까?

처음 이야기로 돌아가서 과연 외계에도 생명체가 있을까 하는 문제에 대해 어떤 과학적인 답변이 가능할지 생각해보자.

1960년 미국 웨스트버지니아주의 그린뱅크에서 열렸던 지구 밖 생명체에 관한 회의에서 코넬대학의 드레이크(Drake) 박사는 우리 은하 내에 있는 별들 중에서 전파 교신 능력을 갖추고 있는 문명을 이룩한 생명체의 수를 구하는 방정식을 제안했다. 다른 은하까지는 광속으로도 수백만 년이 걸리기 때문에 어차피 인류문명이 지속되는 동안 다른 은하의 생명체로부터 회신을 받을 가망은 거의 없다.

- **드레이크 방정식(Drake equation)**

$$N = R_* \times f_p \times n_e \times f_l \times f_i \times f_c \times L$$

■ R_* _ 우리 은하에서 1년에 생성되는 태양 같은 별의 수. 은하에는

1천억 개의 별이 있고, 별의 수명은 대개 100억 년이므로 R_* 값은 10으로 본다.

- f_p _ 별이 행성(planet)을 가지고 있을 확률. 10% 정도로 본다.
- n_e _ 행성 중에서 생물이 태어날 수 있는 환경(environment)을 갖춘 행성의 수. 행성을 가진 별에는 지구와 같이 적당한 거리에 위치한 행성이 한 개 존재한다고 추정한다.

여기까지 보면 은하계에서는 지구와 같은 행성이 매년 한 개씩 생겨난다.

- f_l _ 생명(life)이 탄생할 확률. 지구와 같은 환경이 만들어지면 생명이 탄생할 확률은 10% 정도라고 본다.
- f_i _ 단순한 생명체로부터 인간 같은 지적(intelligent) 생명체로 진화할 확률. 1 내지 10%라고 본다.
- f_c _ 지적 생명체가 우주인과 교신할(communicate) 능력을 획득할 확률. 호모 사피엔스가 수만 년 사이에 현대 문명을 이룬 것을 보아 거의 100%라고 본다.

여기까지 고려를 종합하면 은하계에서 1년에 0.001 내지 0.01개(1000년에 1 내지 10개)의 비율로 현대인 같은 문명이 탄생한다고 볼 수 있다.

- L _ 마지막으로 문명이 지속되는 기간(length)을 고려해야 한다.

> 우리같이 소비와 환경파괴를 계속하면 100년 후에 인류의 종말이 올지 모른다. 그런 경우에는 은하의 지적 생명체 수는 0.1에서 기껏해야 1개로 제한된다. 지금 우리 은하 안에 다른 지적 생명체가 있다면 우리보다는 훨씬 지혜로운, 그래서 문명을 천년, 만년 이끌어 나가는 존재일 것이다.

수소, 탄소, 질소, 산소, 인을 필수적으로 사용하며, 이들 다섯 가지 원소로 만들어진 DNA에 A, T, G, C의 네 가지 염기를 알파벳으로 사용하여 유전정보를 기록하고 그 정보로부터 단백질을 만들어 생명을 영위하는 인간은 자연의 언어인 수의 세계를 이해하고, 원자와 원자의 내부에 들어 있는 소립자들을 발견하였으며, 원자들 사이의 화학결합의 원리를 파악하였다. 나아가서 모든 생명체에 공통적으로 적용되는 생명의 알파벳, 이중나선의 구조, 그리고 유전암호를 발견했다. 한편 인간은 코페르니쿠스 혁명으로 대변되는 우주에서 인간의 위치를 파악하려는 노력을 계속하고 있다. 외계에 생명이 있는가 하는 질문에 대한 답을 찾는 일은 우주와 생명의 의미를 탐구하는 인간의 노력의 한 부분이다. 이 모든 일은 과학이라는 이름으로 인간이 자연에 대한 지식과 지혜를 축적하고 후대에 전수해왔기 때문에 가능한 것이다. 외계에 생명이 있다면 거기에 있는 생명체도 과학을 하지 않을까?

추천도서

『거의 모든 사람들을 위한 과학』 그리빈, 김동광 · 강윤재 옮김, 2004, 한길사

『거의 모든 것의 역사』 브라이슨, 이덕환 옮김, 2003, 까치

『과학의 시대』 피엘, 전대호 옮김, 2003, 한길사

『신의 방정식』 액설, 김희봉 옮김, 2002, 지호

『이중나선』 왓슨, 하두봉 옮김, 1973, 전파과학사

『인간과 우주』 박창범, 1995, 가람기획

『자연과학의 세계 1, 2』 김희준, 2003, 궁리

『코스모스』 세이건, 홍승수 옮김, 2004, 사이언스북스

찾아보기

ㄱ

기타